Mrinal Sarvagya
Ravi Kumar M G

Filtragem Adaptativa - Avanços Recentes e Implementação Prática

Mrinal Sarvagya
Ravi Kumar M G

Filtragem Adaptativa - Avanços Recentes e Implementação Prática

ScienciaScripts

Imprint

Cover image: www.ingimage.com

This book is a translation from the original published under ISBN 978-3-659-77238-2.

Publisher:
Sciencia Scripts
is a trademark of
Dodo Books Indian Ocean Ltd. and OmniScriptum S.R.L publishing group

120 High Road, East Finchley, London, N2 9ED, United Kingdom
Str. Armeneasca 28/1, office 1, Chisinau MD-2012, Republic of Moldova, Europe
Managing Directors: Ieva Konstantinova, Victoria Ursu
info@omniscriptum.com

Printed at: see last page
ISBN: 978-620-8-38596-5

CAPÍTULO 1 - FILTRAGEM ADAPTATIVA - PROGRESSOS RECENTES E APLICAÇÃO PRÁTICA

PREFÁCIO:

1.1 Introdução

Nos últimos trinta anos, contribuições significativas foram feitas no campo do processamento de sinais. Os avanços na conceção de circuitos digitais têm sido o principal desenvolvimento tecnológico que desencadeou um interesse crescente no domínio do processamento digital de sinais. Os sistemas de processamento de sinal digital resultantes são atraentes devido ao seu baixo custo, fiabilidade, precisão, pequenas dimensões físicas e flexibilidade. A filtragem é uma operação de processamento de sinal cujo objetivo é processar um sinal de modo a manipular a informação contida no sinal. Por outras palavras, um filtro é um dispositivo que mapeia o seu sinal de entrada para outro sinal de saída, facilitando a extração da informação desejada contida no sinal de entrada. Um filtro digital é aquele que processa sinais de tempo discreto representados em formato digital. Para filtros invariantes no tempo, os parâmetros internos e a estrutura do filtro são fixos e, se o filtro for linear, o sinal de saída é uma função linear do sinal de entrada. Uma vez dadas as especificações prescritas, o projeto de filtros lineares invariantes no tempo implica três etapas básicas, nomeadamente: a aproximação das especificações por uma função de transferência racional, a escolha de uma estrutura adequada que defina o algoritmo e a escolha da forma de implementação do algoritmo.

Um filtro adaptativo é necessário quando as especificações fixas são desconhecidas ou quando as especificações não podem ser satisfeitas por filtros invariantes no tempo. Em termos estritos, um filtro adaptativo é um filtro não linear, uma vez que as suas caraterísticas dependem do sinal de entrada e, consequentemente, as condições de homogeneidade e de aditividade não são satisfeitas. No entanto, se congelarmos os parâmetros do filtro num dado instante de tempo, a maioria dos filtros adaptativos considerados neste texto são lineares no sentido em que os seus sinais de saída são funções lineares dos seus sinais de entrada.
Os filtros adaptativos são variáveis no tempo, uma vez que os seus parâmetros estão continuamente a mudar de forma a cumprir um requisito de desempenho. Neste sentido, podemos interpretar um filtro adaptativo como um filtro que efectua o passo de aproximação em linha. Normalmente, a definição do critério de desempenho requer a existência de um sinal de referência que geralmente está oculto na etapa de aproximação do projeto do filtro fixo. Esta discussão traz a sensação de que no projeto de filtros fixos (não-adaptativos) é necessária uma caraterização completa dos sinais de

entrada e de referência para projetar o filtro mais apropriado que atenda a um desempenho prescrito. Infelizmente, esta não é a situação habitualmente encontrada na prática, onde o ambiente não está bem definido. Os sinais que compõem o ambiente são os sinais de entrada e de referência e, nos casos em que qualquer um deles não está bem definido, o procedimento de projeto consiste em modelar os sinais e, subsequentemente, projetar o filtro. Este procedimento pode tornar-se moroso e difícil de implementar on-line. A solução para este problema é a utilização de um filtro adaptativo que efectua a atualização on-line dos seus parâmetros através de um algoritmo bastante simples, utilizando apenas a informação disponível no ambiente. Por outras palavras, o filtro adaptativo executa um passo de aproximação orientado pelos dados.

1.2 Processamento de sinal adaptativo

Como discutido anteriormente, o projeto de filtros digitais com coeficientes fixos requer especificações bem definidas e prescritas. No entanto, há situações em que as especificações não estão disponíveis, ou são variáveis no tempo. A solução para estes casos é utilizar um filtro digital com coeficientes adaptativos, conhecidos como filtros adaptativos.Uma vez que não existem especificações, o algoritmo adaptativo que determina a atualização dos coeficientes do filtro necessita de informação extra que é normalmente dada sob a forma de um sinal. Os filtros adaptativos são considerados sistemas não lineares, pelo que a análise do seu comportamento é mais complicada do que a dos filtros fixos. Por outro lado, como os filtros adaptativos são filtros auto-projectáveis, do ponto de vista do utilizador, o seu projeto pode ser considerado menos complexo do que no caso dos filtros digitais com coeficientes fixos.

A configuração geral de um ambiente de filtragem adaptativa é ilustrada na Fig. 1, onde k é o número de iteração, $x(k)$denota o sinal de entrada, $y(k)$é o sinal de saída do filtro adaptativo e $d(k)$define o sinal desejado. O sinal de erro $e(k)$é calculado como $d(k)- y(k)$. O sinal de erro é então utilizado para formar uma função de desempenho (ou objetivo) que é exigida pelo algoritmo de adaptação para determinar a atualização adequada dos coeficientes do filtro. A minimização da função objetivo implica que o sinal de saída do filtro adaptativo está a corresponder ao sinal desejado em algum sentido.

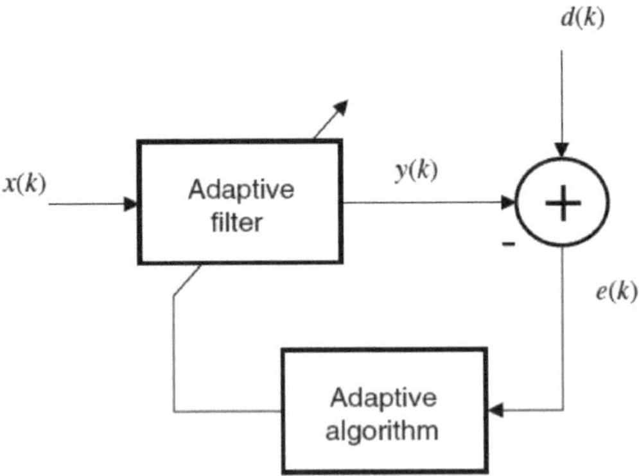

Fig. 1Configuração geral do filtro adaptativo.

A especificação completa de um sistema adaptativo, como mostra a Fig. 1, consiste em três itens:

1) **Aplicação**: O tipo de aplicação é definido pela escolha dos sinais adquiridos do ambiente para serem os sinais de entrada e de saída desejados. O número de diferentes aplicações em que as técnicas adaptativas estão a ser utilizadas com sucesso aumentou enormemente durante as duas últimas décadas. Alguns exemplos são o cancelamento de eco, a equalização de canais dispersivos, a identificação de sistemas, o melhoramento de sinais, a formação de feixes adaptativos, o cancelamento de ruído e o controlo.

2) **Estrutura do filtro adaptativo**: O filtro adaptativo pode ser implementado numa série de estruturas ou realizações diferentes. A escolha da estrutura pode influenciar a complexidade computacional (quantidade de operações aritméticas por iteração) do processo e também o número necessário de iterações para atingir um nível de desempenho desejado. Basicamente, existem duas grandes classes de filtros digitais adaptativos, que se distinguem pela forma da resposta ao impulso, nomeadamente os filtros de resposta ao impulso de duração finita (FIR) e os filtros de resposta ao impulso de duração infinita (IIR). Os filtros FIR são normalmente implementados com estruturas não recursivas, enquanto os filtros IIR utilizam realizações recursivas.

- **Realizações de filtros FIR adaptativos:** As realizações de filtros FIR adaptativos mais amplamente utilizadas: A estrutura de filtro FIR adaptativo mais amplamente utilizada é o filtro transversal, também chamado de linha de atraso com derivação, que implementa uma função de transferência totalmente zero com uma realização de forma direta canônica sem realimentação. Para esta realização, o sinal de saída $y(k)$ é uma combinação linear dos coeficientes do filtro, que produz uma função de erro quadrático médio quadrático (MSE = $E[|e(k)|^2]$) com uma solução óptima única. Outras realizações FIR adaptativas alternativas também são usadas para obter melhorias em comparação com a estrutura do filtro transversal, em termos de complexidade computacional, velocidade de convergência e propriedades de comprimento de palavra finito.

- **Realizações de filtros IIR adaptativos:** A realização mais utilizada dos filtros IIR adaptativos é a forma direta canónica, devido à sua implementação e análise simples. No entanto, existem alguns problemas inerentes aos filtros adaptativos recursivos que dependem da estrutura, tais como o requisito de monitorização da estabilidade dos pólos e a baixa velocidade de convergência. Para resolver estes problemas, foram propostas diferentes realizações, tentando ultrapassar as limitações da estrutura de forma direta.

3) **Algoritmo**: O algoritmo é o procedimento utilizado para ajustar os coeficientes do filtro adaptativo de modo a minimizar um critério prescrito. O algoritmo é determinado pela definição do método de pesquisa (ou algoritmo de minimização), da função objetivo e da natureza do sinal de erro. A escolha do algoritmo determina vários aspectos cruciais do processo adaptativo global, tais como a existência de soluções sub-óptimas, solução óptima enviesada e complexidade computacional.

1.3 Filtragem de Kalman

A maioria dos sistemas modernos está equipada com numerosos sensores que fornecem estimativas de variáveis ocultas (desconhecidas) com base numa série de medições. Por exemplo, o recetor GPS fornece a estimativa da localização e da velocidade, em que a localização e a velocidade são as variáveis ocultas e o tempo diferencial de chegada dos sinais do satélite são as medições. No recetor GPS, a incerteza das medições depende de muitos factores externos, como o ruído térmico, os efeitos atmosféricos, as ligeiras alterações nas posições dos satélites, a precisão do relógio do recetor e muitos outros.

O filtro de Kalman é um dos algoritmos de estimação mais importantes e comuns. O filtro de Kalman produz estimativas de variáveis ocultas com base em medições imprecisas e incertas. O filtro de Kalman tem o nome de Rudolf E. Kalman (19 de maio de 1930 - 2 de julho de 2016). Em 1960, Kalman publicou o seu famoso artigo que descrevia uma solução recursiva para o problema da filtragem linear de dados discretos. Atualmente, o filtro de Kalman é utilizado no rastreio de alvos (radar), sistemas de localização e navegação, sistemas de controlo, computação gráfica e muito mais.

A filtragem é essencial em muitos casos na engenharia e nos sistemas incorporados. Por exemplo, as imagens ou os sinais de vídeo estão corrompidos por ruído. Um bom algoritmo de filtragem pode eliminar o ruído das imagens ou dos sinais de vídeo, mantendo a informação útil. Outros exemplos são os receptores de rádio, os dispositivos de gravação eletrónica e a película fotográfica e a fita magnética.

O filtro de Kalman é uma ferramenta que permite estimar/identificar as variáveis dos vários sistemas de realimentação linear. Matematicamente, podemos dizer que o filtro de Kalman pode estimar/identificar os estados e os parâmetros de um sistema linear. O filtro de Kalman é um filtro recursivo e é o que minimiza a variância do erro de estimação. O filtro de Kalman é frequentemente implementado em sistemas de controlo incorporados porque, para controlar um processo, é necessário primeiro uma estimativa precisa das variáveis do processo. O filtro de Kalman é utilizado em muitas aplicações em várias áreas, como a instrumentação de centrais nucleares, a modelização demográfica, incluindo todos os tipos de navegação (terrestre, aeroespacial e marítima), o fabrico, a deteção de radioatividade subterrânea e o treino de redes neuronais e a lógica difusa.

A. O requisito de previsão

Antes de nos debruçarmos sobre a explicação do filtro de Kalman, vamos primeiro compreender a necessidade do algoritmo de previsão.

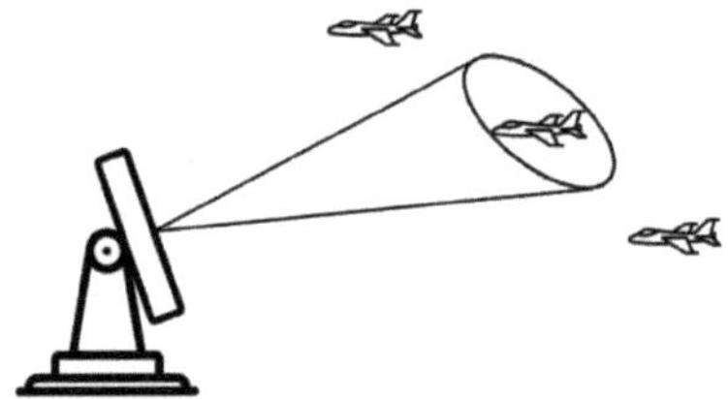

Fig. 2 Rastreio por radar

O radar de rastreio envia um feixe de lápis na direção do alvo. Assume-se que o ciclo de rastreio é de 5 segundos. Assim, de 5 em 5 segundos, o radar revisita o alvo enviando um feixe de rastreio dedicado na direção do alvo. Após o envio do feixe, o radar estima a posição e a velocidade actuais do alvo. Depois de enviar o feixe, o radar estima a posição e a velocidade actuais do alvo. O radar também estima (ou prevê) a posição do alvo no próximo feixe de rastreio.

A posição futura do alvo pode ser facilmente calculada utilizando as equações de movimento de Newton:

$$x = x + v_{00}\,\Delta t + \frac{1}{2} a \Delta t^2 \qquad (1)$$

Onde:

x é a posição do alvo

x_0 é a posição inicial do alvo

v_0 é a velocidade inicial do alvo

a é a aceleração do alvo

Δt é o intervalo de tempo (5 segundos no nosso exemplo)

Em três dimensões, as equações do movimento de Newton podem ser escritas como um sistema de equações:

$$x = x_0 + v_{x0}\,\Delta t + \frac{1}{2} a_x\,\Delta t^2 \qquad (2)$$

$$y = y_0 + v_{y0}\,\Delta t + \frac{1}{2} a_y\,\Delta t^2 \qquad (3)$$

$$z = z_0 + v_{z0}\,\Delta t + \frac{1}{2} a_z\,\Delta t^2 \qquad (4)$$

Os parâmetros alvo $[x,y,z,v_x\ ,v_y\ ,v_z\ ,a_x\ ,a_y\ ,a_z\ ]$ são chamados de Estado do Sistema. O estado atual é a entrada para o algoritmo de previsão e o estado seguinte (os parâmetros alvo no intervalo de tempo seguinte) é a saída do algoritmo. O conjunto de equações acima é designado por Modelo Dinâmico (ou Modelo de Espaço de Estados). O modelo dinâmico descreve a relação entre a entrada e a saída.

Voltemos ao nosso exemplo. Como podemos ver, se o estado atual e o modelo dinâmico forem conhecidos, o próximo estado do alvo pode ser facilmente previsto. Antes de mais, a medição do radar não é absoluta. Inclui um erro aleatório (ou incerteza). A magnitude do erro depende de muitos parâmetros, como a calibração do radar, a largura do feixe, a magnitude do eco de retorno, etc. O erro incluído na medição é chamado de ruído de medição.

Além disso, o movimento do alvo não está estritamente alinhado com as equações de movimento devido a factores externos como o vento, a turbulência do ar, as manobras do piloto, etc. O erro (ou incerteza) do modelo dinâmico é designado por ruído do processo.

Devido ao ruído de medição e ao ruído do processo, a posição estimada do alvo pode estar muito longe da posição real do alvo. Para melhorar o desempenho do radar, é necessário um algoritmo de previsão que tenha em conta a incerteza do processo e a incerteza da medição. O algoritmo de previsão mais utilizado é o ***filtro de Kalman***.

b. Estimativa, exatidão e precisão

A estimativa consiste em avaliar o estado oculto do sistema. A verdadeira posição da aeronave está oculta para o observador. Podemos estimar a posição da aeronave utilizando sensores, como o radar. A estimativa pode ser significativamente melhorada através da utilização de vários sensores e da aplicação de algoritmos avançados de estimativa e seguimento (como o filtro de Kalman). Cada parâmetro medido ou calculado é uma estimativa.

A exatidão indica a proximidade da medição em relação ao valor real e a precisão descreve a variabilidade existente num determinado número de medições do mesmo parâmetro. A exatidão e a precisão constituem a base da estimativa. A Fig. 3 seguinte ilustra a exatidão e a precisão.

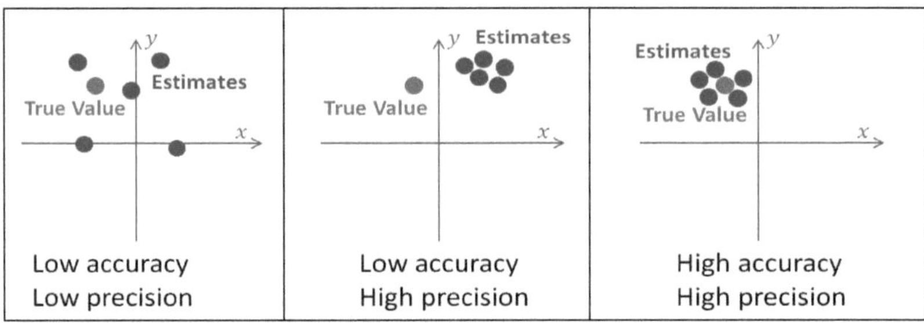

Fig. 3 Ilustração da exatidão e da precisão com base nas estimativas

Os sistemas de alta precisão têm baixa variância nas suas medições (ou seja, baixa incerteza), enquanto os sistemas de baixa precisão têm alta variância nas suas medições (ou seja, alta incerteza). A variância é produzida pelo erro de medição aleatório.

Os sistemas de baixa precisão são designados por sistemas enviesados, uma vez que as suas medições têm um erro sistemático incorporado (enviesamento). A influência da variância pode ser significativamente reduzida através do cálculo da média ou da suavização das medições. Por exemplo, se medirmos a temperatura utilizando um termómetro com um erro de medição aleatório, podemos efetuar várias medições e calcular a sua média. Uma vez que o erro é aleatório, algumas das medições estariam acima do valor real e outras abaixo do valor real. A estimativa seria próxima de um valor verdadeiro. Quanto mais medições fizermos, mais próxima será a estimativa.

A Fig. 4 a seguir representa uma visão estatística da medição. A medição é uma variável aleatória, descrita pela Função de Densidade de Probabilidade (PDF). A média das medições é o valor esperado da variável aleatória. O desvio entre a média das medições e o valor real é a exatidão das medições, também conhecida como enviesamento ou erro sistemático de medição. A dispersão da distribuição é a precisão da medição, também conhecida como ruído de medição, erro de medição aleatório ou incerteza de medição.

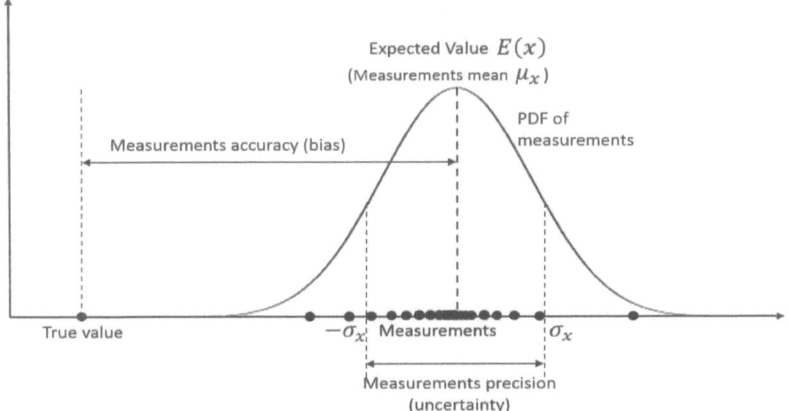

Fig. 4 Vista estatística da medição

1.4 Filtro de Kalman unidimensional sem o ruído do processo

Como já foi referido, o filtro de Kalman baseia-se em cinco equações. Já estamos familiarizados com duas delas:

- As equações de atualização do estado.
- As equações do modelo dinâmico.

A equação de ganho de Kalman em 1 dimensão

Vamos derivar a Equação de Ganho de Kalman. Neste momento, vou apresentar a derivação intuitiva da Equação de Ganho de Kalman. A derivação matemática será apresentada na secção seguinte.

Num filtro de Kalman, os parâmetros α -β (-γ) são calculados dinamicamente para cada iteração do filtro. Estes parâmetros são designados por Ganho de Kalman e denotados por $K_{.n}$

A equação de ganho de Kalman é a seguinte:

$$K_n = \frac{\text{Ucertainty in Estimate}}{\text{Uncertainty in Estimate} + \text{Uncertainty in Measurement}} = \frac{p_{n,n-1}}{p_{n,n-1} + r_n}$$

Onde:

$p_{n,n-1}$ é a incerteza da estimativa extrapolada

r_n é a incerteza de medição

O ganho de Kalman é um número entre zero e um: $0 \le K_n \le 1$. O ganho de Kalman diz-lhe quanto é necessário para alterar a minha estimativa, dada uma medição, e a equação do ganho de Kalman é a terceira equação do filtro de Kalman.

A atualização da incerteza da estimativa em 1 dimensão

A equação seguinte define a atualização da incerteza das estimativas:

$$p_{n,n} = (1-K_n)p_{n,n-1} \quad (5)$$

Onde:

K_n é o ganho de Kalman

$p_{n,n-1}$ é a incerteza da estimativa que foi calculada durante a estimativa do filtro anterior

$p_{n,n}$ é a incerteza da estimativa do estado atual

Esta equação actualiza a incerteza da estimativa do estado atual. É designada por Equação de Atualização da Covariância.

A equação mostra claramente que a incerteza da estimativa está sempre a diminuir com cada iteração do filtro, uma vez que $(1-K_n) \leq 1$. Quando a incerteza da medição é grande, o ganho de Kalman será baixo, pelo que a convergência da incerteza da estimativa será lenta. No entanto, quando a incerteza de medição é pequena, o ganho de Kalman é elevado e a incerteza da estimativa converge rapidamente para zero.

Neste capítulo, vamos combinar todas as peças num único algoritmo. Tal como o filtro αα , ββ, (γγ), o filtro de Kalman utiliza o algoritmo "Measure, Update, Predict".A Fig. 5 seguinte fornece uma descrição esquemática de baixo nível do algoritmo:

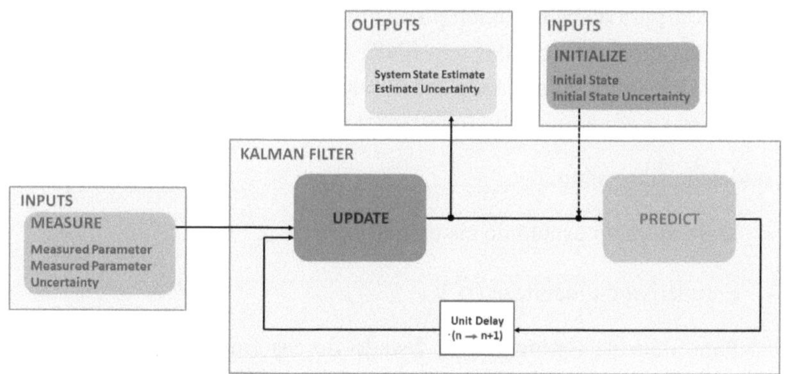

Fig. 5Descrição esquemática de baixo nível do algoritmo

As entradas do filtro são:

- **Inicialização**

A inicialização é efectuada apenas uma vez e fornece dois parâmetros:

- Estado inicial do sistema ($\hat{x}_{1,0}$)

- Incerteza do estado inicial $(p)_{1,0}$

Os parâmetros de inicialização podem ser fornecidos por outro sistema, por outro processo (por exemplo, o processo de pesquisa num radar) ou por uma estimativa baseada na experiência ou no conhecimento teórico. Mesmo que os parâmetros de inicialização não sejam exactos, o filtro de Kalman será capaz de convergir para um valor próximo do real.

- **Medição**

A medição é efectuada para cada ciclo de filtragem e fornece dois parâmetros:

- Estado do sistema medido (z_n)
- Incerteza de medição (r_n)

Para além do valor medido, o filtro de Kalman necessita dos parâmetros de incerteza da medição. Normalmente, este parâmetro é fornecido pelo fornecedor do equipamento ou pode ser obtido através da calibração do equipamento de medição. A incerteza da medição do radar depende de vários parâmetros, como o SNR (Signal to Nose Ratio), a largura do feixe, a largura de banda, o tempo no alvo, a estabilidade do relógio, entre outros. Cada medição de radar tem SNR, largura de feixe e tempo no alvo diferentes. Por conseguinte, esse radar calcula a incerteza de medição para cada medição e comunica-a ao localizador.

As saídas do filtro são:

- Estimativa do estado do sistema $(\hat{x}_{n,n})$
- Estimativa da incerteza $(p)_{n,n}$

Para além da Estimativa do Estado do Sistema, o filtro de Kalman também fornece a Incerteza da Estimativa! Temos um mérito da precisão da estimativa. A incerteza da estimativa é dada pela equação [5]e $p_{n,n}$ está sempre a diminuir com cada iteração do filtro, uma vez que $(1-K_n) \leq 1$.

Assim, cabe-nos a nós decidir quantas medições efetuar. Se estivermos a medir a altura do edifício e estivermos interessados numa precisão de 3 centímetros (σ), faremos as medições até que a Incerteza da Estimativa (σ^2) seja inferior a 9 centímetros.

O quadro 1 resume as cinco equações do filtro de Kalman.

Equação	Nome da equação	Nomes alternativos
$\hat{x}_{n,n} = \hat{x}_{n,n-1} + K_n (z_n - \hat{x}_{n,n-1})$	Atualização do Estado	Equação de filtragem
$\widehat{x_{n+1,n}} = \widehat{x_{n,n}} + \Delta t \widehat{\dot{x}_{n,n}}$ $\widehat{\dot{x}_{n+1,n}} = \widehat{\dot{x}_{n,n}}$ **(Para dinâmica de velocidade constante)**	Extrapolação do Estado	Equação de previsão Equação de transição Equação de previsão Modelo dinâmico Modelo de espaço de estados
$K_n = \frac{p_{n,n-1}}{p_{n,n-1}+r_n}$	Ganho de Kalman	Equação de peso
$p_{n,n} = (1-K_n)p_{n,n-1}$	Atualização da covariância	Equação do corretor
$p_{n+1,n} = p_{n,n}$ **(Para uma dinâmica constante)**	Extrapolação de Covariância	Equação de covariância do preditor

Tabela 1. Equações do filtro de Kalman

Nota 1: Na equação de extrapolação do estado e na equação de extrapolação da covariância depende da dinâmica do sistema.

Nota 2: A tabela acima demonstra a forma especial das equações do filtro de Kalman adaptadas para o caso específico. A forma geral da equação será apresentada mais tarde numa notação matricial. Neste momento, o nosso objetivo é compreender o conceito do Filtro de Kalman.

A Fig. 6 seguinte apresenta uma descrição pormenorizada do diagrama de blocos do filtro de Kalman.

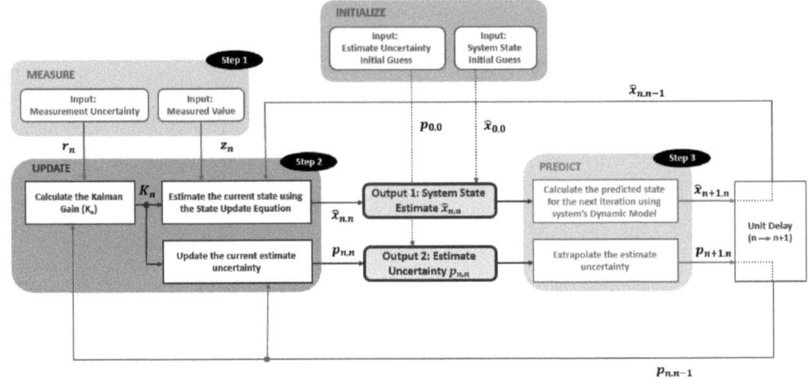

Fig. 6: Diagrama de blocos do filtro de Kalman

- Passo 0: Inicialização

Como mencionado acima, a inicialização é efectuada apenas uma vez e fornece dois parâmetros:

  - Estado inicial do sistema ($\hat{x}_{1,0}$)
  - Incerteza do Estado Inicial (p $)_{1,0}$

A inicialização é seguida da previsão.

- Etapa 1: Medição

O processo de medição deve fornecer dois parâmetros:

  - Estado do sistema medido (z_n)
  - Incerteza de medição (r_n)

- Etapa 2: Atualização do Estado

O processo de atualização do estado é responsável pela estimativa do estado atual do sistema.

As entradas do processo de atualização do estado são:

  - Valor medido ($z_{1,0}$)
  - A incerteza de medição (r_n)

- Estimativa do estado do sistema anterior ($\hat{x}_{n,n-1}$)
- Estimar a incerteza (p)$_{n,n-1}$

Com base nas entradas, o processo de atualização do estado calcula o ganho de Kalman e fornece duas saídas:

- Estimativa do estado atual do sistema ($\hat{x}_{n,n}$)
- Incerteza da estimativa do estado atual (p)$_{n,n}$

Estes parâmetros são os resultados do filtro de Kalman.

- Etapa 3: Previsão

O processo de previsão extrapola o estado atual do sistema e a incerteza da estimativa do estado atual do sistema para o estado seguinte do sistema, com base no modelo dinâmico do sistema.

Na primeira iteração do filtro, as saídas de inicialização são tratadas como a Estimativa do Estado Anterior e a Incerteza, e nas iterações seguintes do filtro, as saídas de previsão passam a ser a Estimativa do Estado Anterior e a Incerteza.

A intuição do ganho de Kalman

O ganho de Kalman Define um peso da medição e um peso da estimativa anterior ao formar uma nova estimativa.

Ganho de Kalman elevado

Uma incerteza de medição baixa em relação à incerteza da estimativa resultaria num ganho de Kalman elevado (próximo de 1). Como resultado, a nova estimativa seria próxima da medição. A Fig. 7 seguinte ilustra a influência de um ganho de Kalman elevado na estimativa numa aplicação de seguimento de aeronaves.

Ganho de Kalman baixo

Uma incerteza de medição elevada relativamente à incerteza da estimativa resultaria num ganho de Kalman baixo (próximo de 0). Como resultado, a nova estimativa seria próxima da estimativa anterior. A Fig. 8 seguinte ilustra a influência do baixo ganho de Kalman na estimativa numa aplicação de seguimento de aeronaves.

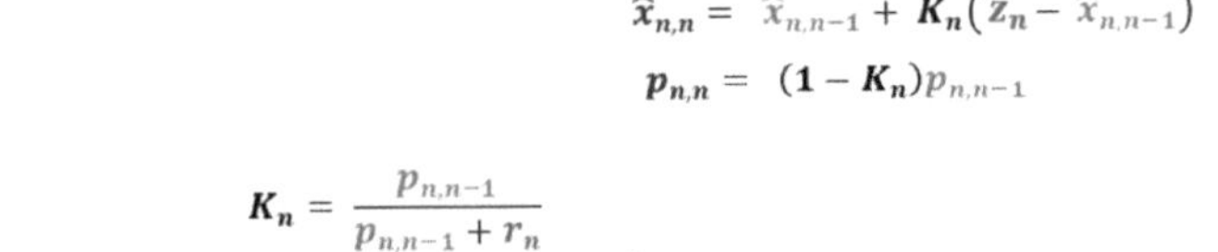

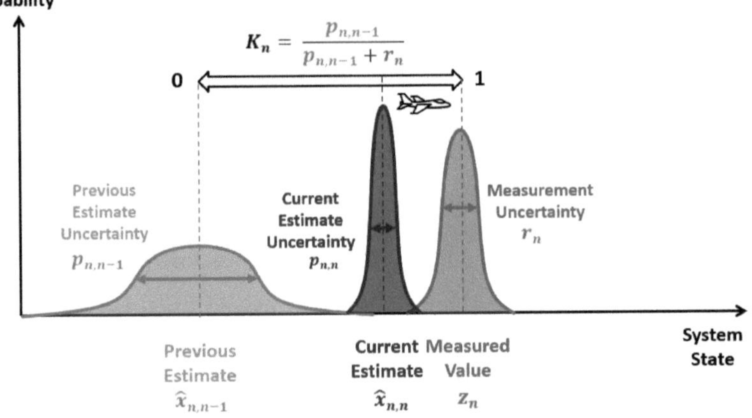

Fig.7 Influência do ganho de Kalman elevado na estimativa na aplicação de seguimento de aeronaves

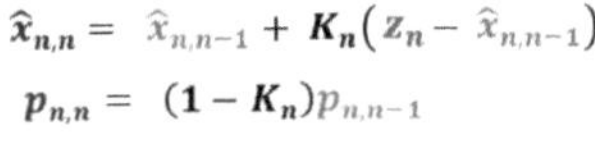

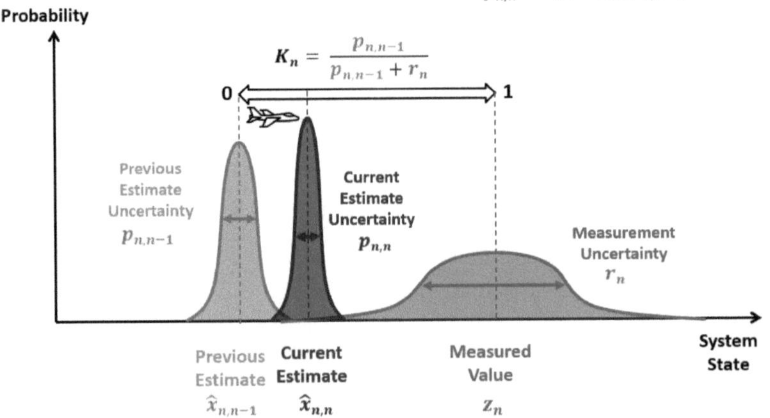

Fig. 8 Influência do baixo ganho de Kalman na estimativa na aplicação de seguimento de aeronaves

1.5 Filtragem de Kalman alargada

O EKF funciona exatamente como um filtro de Kalman quando utilizado num sistema linear, uma vez que toda a linearização efectuada no sistema linear dá o mesmo resultado que na aplicação do filtro de Kalman normal. Uma das vantagens da utilização do filtro de Kalman alargado é o facto de proporcionar uma abordagem simples para a resolução de sistemas não lineares, em comparação com outras abordagens que utilizam o filtro de Kalman na resolução de sistemas não lineares. Assim, ao utilizar o EKF para resolver problemas não lineares, escreve-se um código que é mais transparente e desenvolve-se um algoritmo menos complexo ou simplificado. Com um algoritmo menos complexo para a filtragem, o tempo de execução do EKF será mais curto do que as versões mais complexas do filtro de Kalman para sistemas não lineares. O filtro de Kalman alargado (EKF), sendo uma extensão do filtro de Kalman, é um estimador de estado que aproxima de forma óptima a regra Bayesiana utilizada no filtro de Kalman através da linearização. Numa das suas aplicações, o EKF é utilizado para resolver o problema do seguimento de objectos voadores.

Uma das principais limitações do filtro de Kalman deve-se, em grande medida, ao facto de exigir que tanto o sistema dinâmico como as funções de medição sejam lineares em relação às variáveis de estado. Na maioria das aplicações práticas, estes requisitos não são provavelmente satisfeitos. Este facto levou ao desenvolvimento de uma versão modificada do filtro de Kalman, atualmente conhecida como filtro de Kalman alargado (EKF), que pode ser aplicada numa situação em que o sistema e/ou os modelos de medição não são lineares. Tal como o nome indica, o filtro de Kalman alargado (EKF) é uma extensão do filtro de Kalman padrão que lineariza um sistema para além da limitação do sistema linear do filtro de Kalman para sistemas não lineares.

1.6 Aplicações da filtragem de Kalman

1.6.1. Deteção de avarias em instalações de aeronaves utilizando o filtro KALMAN

A deteção, o isolamento e a reconfiguração de falhas são muito importantes em aplicações críticas para a segurança, como o controlo de aeronaves, os reactores nucleares e a tração eléctrica. As falhas que ocorrem no sistema devido a falhas dos sensores ou dos actuadores ou as variações da instalação devido a danos têm consequências graves que podem levar ao aborto do voo no caso dos aviões de combate. As variações da instalação podem também resultar em instabilidade. A literatura refere abordagens convencionais para a deteção e identificação de falhas em sistemas dinâmicos. Os observadores de Luenberger têm sido utilizados para gerar sinais para efeitos de redundância analítica. Os filtros de Kalman e as suas várias versões avançadas têm sido referidos. Alguns investigadores utilizam também redes neuronais para a deteção de falhas. Os filtros de Kalman são geralmente utilizados para a estimação do estado na presença de ruído e a planta é considerada invariante. No entanto, num sistema de segurança crítica, a planta não é considerada invariável porque as condições de funcionamento, como as condições de voo (número de partidas ou altitude), estão sempre a mudar. As alterações dos parâmetros da instalação em qualquer condição de voo são consideradas defeituosas e têm de ser detectadas utilizando a estimação de parâmetros, para além da estimação do estado. Por exemplo, uma falha de um sensor (se não for corrigida) conduzirá a uma interpretação incorrecta da variação dos parâmetros da instalação. (matriz A). Do mesmo modo, uma falha do atuador conduz a uma estimativa errada dos parâmetros da matriz B. Do mesmo modo, a variação da planta devido a danos na estrutura da aeronave conduzirá a valores incorrectos das matrizes A, B, C e D. Assim, a estimativa dos parâmetros, para além da estimativa do estado, conduz à deteção de falhas do sistema dinâmico. Neste documento, é utilizado um filtro de Kalman para estimar recursivamente os estados e os parâmetros do modelo. A entrada dada ao sistema é considerada como o ângulo de deflexão, e as implementações produzirão o ângulo de inclinação como saída. Estes ângulos, juntamente com as matrizes de covariância do ruído, são utilizados para efeitos de deteção de avarias.

Na forma de espaço de estados, é utilizado um modelo do sistema de realimentação constituído por vários parâmetros, como o ângulo de ataque e a velocidade de inclinação, juntamente com o ângulo de inclinação como estados. O algoritmo do filtro de Kalman é implementado em Matlab para calcular os estados e os parâmetros com ruído branco gaussiano aditivo. O ruído é típico do ruído do sensor e do ruído de perturbação do vento. Quando a estimação recursiva atinge a condição de estado livre de erros, os parâmetros do sistema são obtidos pelo método de Cramer. O método de Cramer é utilizado para obter os parâmetros do modelo, dando a melhor estimativa dos estados e dos parâmetros do modelo, mesmo na presença de ruído. Isto torna-se útil quando ocorrem falhas. Os parâmetros do modelo desviam-se dos valores normais e estes desvios, quando excedem um limiar, podem acionar um anunciador de avarias.

Modelação do sistema de filtro de Kalman

Uma técnica ideal para o sistema de controlo de voo de aeronaves de asa fixa contém superfícies de controlo de voo, cada um dos comandos da cabina de pilotagem, ligações de ligação e as técnicas de funcionamento essenciais para controlar a direção da aeronave em voo. Com a variação da velocidade, os comandos do motor da aeronave passam a fazer parte dos comandos de voo. Os eixos de coordenadas gerais e as forças num plano são apresentados na Fig. 9. Nos aviões mais pequenos ou mais antigos, as linhas representam os cabos que ligam os comandos às superfícies de controlo. Nas aeronaves modernas, um computador monitoriza o movimento dos comandos e envia-o eletronicamente para os actuadores das superfícies de controlo (fly-by-wire). As equações consideradas para o movimento de um avião são um conjunto de seis equações diferenciais não lineares acopladas. Idealmente, com várias condições, estas podem ser dissociadas e linearizadas em equações longitudinais e laterais. A inclinação da aeronave é regida pela dinâmica longitudinal. Neste problema, vamos considerar um sistema que controla a inclinação de uma aeronave.

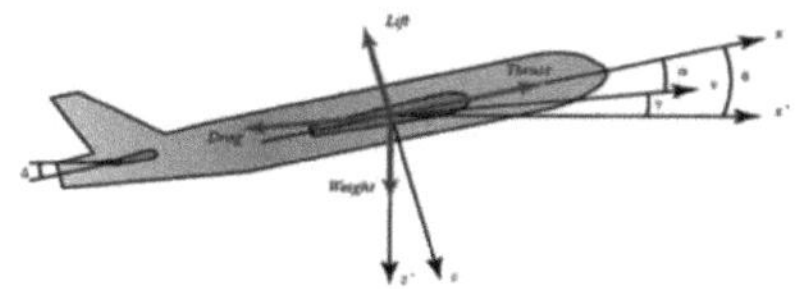

Fig. 9 Os eixos de coordenadas gerais e as forças que actuam numa aeronave

δ = Ângulo de deflexão do elevador

α = Ângulo de ataque

θ = Ângulo de inclinação da aeronave

γ = Ângulo da trajetória de voo

q = velocidade de inclinação

Presume-se que a aeronave seja:

(i) em cruzeiro estacionário a uma altitude e velocidade fixas; assim, as forças de impulso, de arrasto, de peso e de sustentação equilibram-se mutuamente nas direcções x e y.

(ii) tal que uma alteração no ângulo de inclinação não altere a velocidade de um avião em nenhuma circunstância (a situação difícil é avaliada e simplificada apenas um pouco). Com estas condições, obtêm-se as equações do movimento longitudinal do avião. Agora, vários valores numéricos são inseridos antes da avaliação da função de transferência e dos modelos de espaço de estados. Isto é feito para simplificar as equações de modelação mostradas acima:

$\dot{\alpha} = -0{,}313\alpha + 56{,}7q + 0{,}232\delta$ (6)

$\dot{q} = -0{,}0139\alpha - 0{,}426q + 0{,}0203\delta$
(7)

$\dot{\theta} = 57.6q$ (8)

Aplicando a transformada de Laplace, as equações de modelação acima podem ser expressas em termos da variável de Laplace s.

$sA(s) = -0{,}313A(s) + 56{,}7Q(s) + 0{,}232\,\Delta(s)$
(9)

□□(s) = -0,0139□(s) - 0,426□(s) + 0,0203$\Delta(s)$
(10)

□□(s) = 56,7□(s) (11)

A partir das equações acima (9)-(11), obtém-se a seguinte função de transferência em circuito aberto,

$$P(s) = \frac{\theta(s)}{\delta(s)} = \frac{1.151s+0.1774}{s^3+0.739s^2+0.921s}$$
(12)

A estrutura do sistema de controlo tem a forma mostrada na Fig. 10

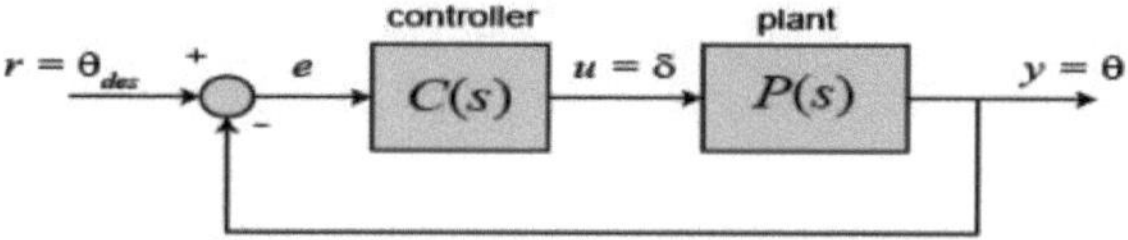

Fig. 10: Estrutura do sistema de controlo

Obtém-se a seguinte função de transferência em malha fechada para o sistema de controlo, como se mostra acima.

$$P(s) = \frac{\theta(s)}{\delta(s)} = \frac{1.151s+0.1774}{s^3+0.739s^2+2.072s+0.1774} \quad (13)$$

As equações dinâmicas do sistema de controlo em malha fechada na forma de espaço de estados são dadas como

$$\dot{x} = \begin{bmatrix} -0.739 & -2.0720 & -0.1774 \\ 1.000 & 0 & 0 \\ 0 & 1.000 & 0 \end{bmatrix} x + \begin{bmatrix} 1 \\ 0 \\ 0 \end{bmatrix} r \quad (14)$$

Uma vez que a saída é o ângulo de inclinação, a equação de saída pode ser escrita como

$$y = \theta = [0 \quad 1.5110 \quad 0.1774]\, x \quad (15)$$

Estas equações de espaço de estados têm a forma padrão mostrada abaixo, onde o vetor de estado é x e a entrada u = r.

$$\dot{x} = A_c\, x + B\, u_c \quad (16)$$

$$y = C\, x_c \quad (17)$$

Para o requisito essencial do filtro de Kalman discreto, é necessário processar o modelo de espaço de estados contínuo da equação (16) para a conversão do modelo de espaço de estados discreto.

FILTRO KALMAN

O filtro de Kalman discreto é aplicado ao modelo discreto do espaço de estados do sistema de controlo da inclinação da aeronave. Como o número de parâmetros a identificar é três, um sistema de terceira ordem é definido como

$$\dot{x} = A_c\ x + B_c\ u + w \quad (18)$$

Onde, w é o ruído do sistema e u é o sinal de entrada. A equação de saída pode ser definida como

$$y = C_C\ x + v \quad (19)$$

O valor mais elevado da matriz de Eigen, Ω = 0,3255 rad/s.

Assim, para a conversão da forma de espaço de estados contínuo para discreto, é utilizado um intervalo de amostragem de 0,2 >>2Π/ (5Ω) segundos.

A forma discreta do espaço de estados é a seguinte:

$$x_k = Ax_{k-1} + B\ u_k + W_{k-1} \quad (20)$$

$$y_k = Cx_k + v \quad (21)$$

$$\text{em que } A = \begin{bmatrix} 0.8251 & -0.3833 & -0.0325 \\ 0.1834 & 0.9606 & -0.0034 \\ 0.0189 & 0.1973 & 0.9998 \end{bmatrix} \text{ e } B = \begin{bmatrix} 0.1834 \\ 0.0189 \\ 0.0013 \end{bmatrix} \quad (22)$$

onde, x_k é o vetor de estado em k=1,2,3,...n e o ruído de medição é um ruído gaussiano branco de média zero v_k .

O algoritmo do filtro de Kalman é explicado nesta secção: Na k^a iteração, as estimativas do vetor de estado e as matrizes de parâmetros são calculadas a partir da entrada u= δ. São consideradas duas equações ideais. Atualização temporal (previsão) e atualização da medição (correção). Ambos os conjuntos de equações são aplicados em cada estado k^{th} . O princípio do filtro de Kalman é detalhado utilizando a atualização temporal e a atualização da medição, como se mostra a seguir nas equações [23-27].

Atualização da hora:

1. $\hat{x}_k - = A\hat{x}_{k-1} + Bu_k$

(23)

2. $\bar{P}_k = AP\,A_{k-1}{}^T + Q$

(24)

Atualização da medição:

1. $K_k = \bar{P}\,C_k{}^T (C\bar{P}\,C_k{}^T + R)^{-1}$

(25)

2. $\hat{x}_k = \hat{x}_k{}^- + K_k (z_k - C\hat{x}_k{}^-)$

(26)

3. $P_k = (I - K_k\,C)\bar{P}_k$ (27)

onde

$\hat{x}$: Estimativa do vetor de estado

$\hat{x}$ -: Previsão do vetor de estado

z: Vetor de valores de medição

K: Ganho de Kalman

$\bar{P}$: Previsão da covariância do erro

P: Atualização da covariância do erro

I: Matriz unitária

Q: Matriz de covariância do ruído do sistema

R: Matriz de covariância do ruído de medição

Na experiência, o controlador de feedback processado para várias condições obtidas em cada iteração do ângulo de inclinação, o ângulo de inclinação real ultrapassa menos de 10%, tem um tempo de subida inferior a 2 segundos, um tempo de estabilização inferior a 10 segundos e um erro em estado estacionário inferior a 2%. Considerando um conjunto de valores de amostragem, como a referência de 0,2 radianos (11 graus), o ângulo de inclinação não excederá aproximadamente 0,2 rad, aumentará gradualmente de 0,05 rad para 0,18 rad em 8 segundos, permanecerá no intervalo de 2% do seu valor em estado estacionário em 10 segundos e estabilizará entre 0,18 e 0,20 radianos em estado estacionário. O período de amostragem foi de 0,2 segundos. Em seguida, estes dados são aplicados ao algoritmo do filtro de Kalman. As condições de falha são introduzidas alterando as matrizes A e B da planta.

As principais fontes de ruído na aeronave são os sensores e a perturbação do vento quando a aeronave está em movimento. Ao variar o ângulo de deflexão, o ângulo de inclinação de uma aeronave pode ser controlado. Os vários valores obtidos são definidos como as matrizes de covariância do ruído do sistema Q e do ruído de medição R, a partir do ruído como o ruído dos sensores e a perturbação do vento. A aceitação do ruído do sistema e do ruído de medição é gaussiana branca. As variâncias destes ruídos são calculadas. Em seguida, tendo em conta a condição de ausência de correlação, as matrizes de covariância do ruído do sistema Q e do ruído de medição R são fixadas em

$$Q = \begin{bmatrix} 0.0050 & 0 & 0.000 \\ 0 & 0.0400 & 0.000 \\ 0.000 & 0 & 0.1000 \end{bmatrix}$$

$$R = [0.0200]$$

Os valores iniciais da estimativa do vetor de estado e dos parâmetros são fixados em alguns valores desejados. Para a matriz de covariância do erro de estimativa,

$$P_o = \begin{bmatrix} 0.0278 & 0 & 0 \\ 0 & 0.0078 & 0 \\ 0 & 0 & 0.0460 \end{bmatrix}$$

A Fig.13 dá-nos o comportamento dos valores estimados de, e a Fig.14 mostra o comportamento dos valores dos parâmetros de

$\begin{bmatrix} A_{11} & A_{12} & A_{13} \\ A_{21} & A_{22} & A_{23} \\ A_{31} & A_{32} & A_{33} \end{bmatrix}$ calculada com o algoritmo do filtro de Kalman na presença de ruído gaussiano branco aditivo. O erro entre os valores reais e os valores estimados é muito pequeno (0,005). O método de Cramer é implementado para obter os parâmetros do sistema com a informação sobre os valores de entrada e saída.

Para uma entrada em degrau ($u_k = 1$), a equação 19 é escrita como

$$x_k = Ax_{k-1} + Bu_k + w_{k-1} \quad (28)$$

$$x_{k+1} = Ax_k + Bu_{k+1} + w_k \quad (29)$$

Tomando a diferença entre as equações acima [28-29], e observando que $u_k = u_{k+1}$,

$$x_{k+1} - x_k = A(x_k - x_{k-1}) + (w_k - w)_{k-1}$$
(30)

A figura 4 mostra que, após t > 0,2 s, o estado estacionário é atingido e o efeito do ruído aditivo é mínimo. Assim, na equação [23], os elementos da matriz de $A = \begin{bmatrix} 0.8251 & -0.3833 & -0.0325 \\ 0.1834 & 0.9606 & -0.0034 \\ 0.0189 & 0.1973 & 0.9998 \end{bmatrix}$ são estimados pela regra de Cramer. Existem métodos computacionalmente eficientes para evitar a aplicação da regra de Cramer.

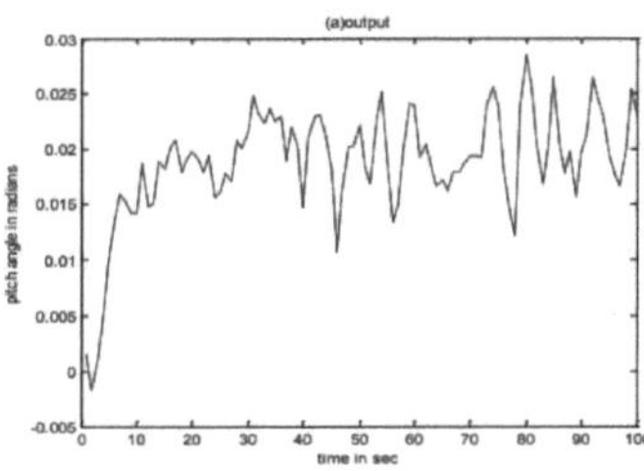

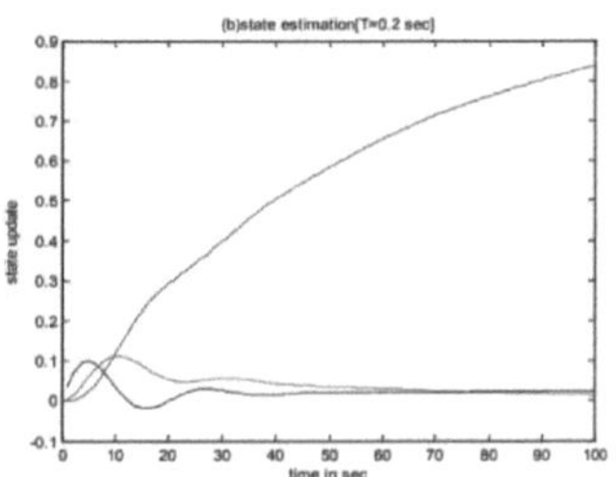

Fig. 11 Resultado da saída **Fig. 12 Resultado da estimativa de estado**

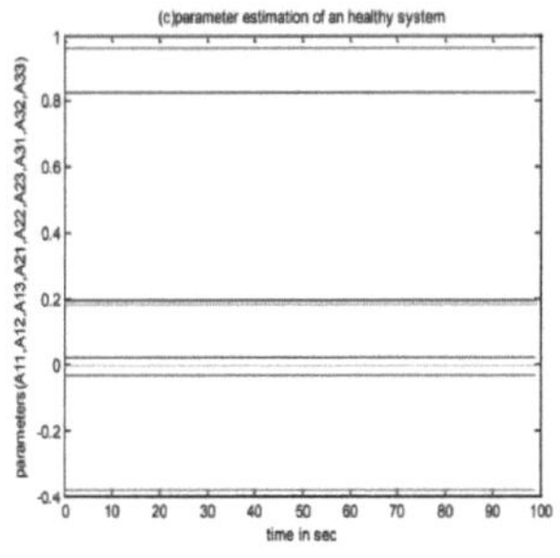

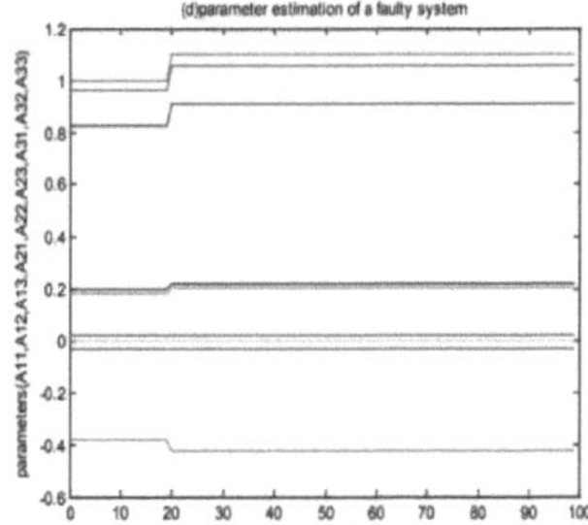

Fig. 13 Resultado da estimativa dos parâmetros **Fig. 14 Resultado do parâmetro de um sistema de controlo saudável com defeito estimativa**

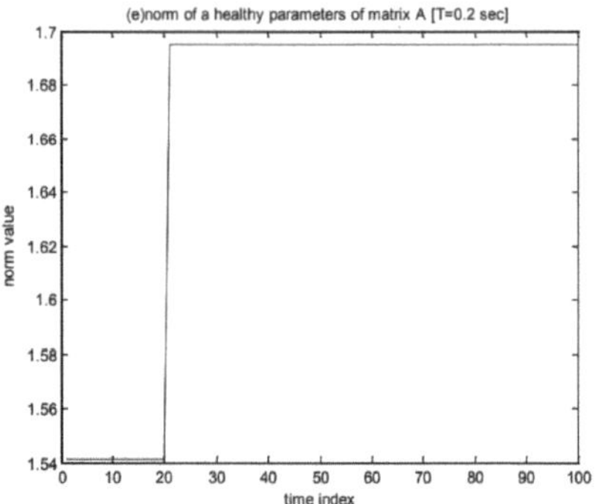

Fig. 15 Norma de um parâmetro defeituoso da matriz A

Resultados sobre a deteção de falhas:

Após a conversão para o tempo discreto, as matrizes das plantas, A e B, são dadas por

$$A_f = \begin{bmatrix} 0.8251 & -0.3833 & -0.0325 \\ 0.1834 & 0.9606 & -0.0034 \\ 0.0189 & 0.1973 & 0.9998 \end{bmatrix} \text{ e } B_f = \begin{bmatrix} 0.1834 \\ 0.0189 \\ 0.0013 \end{bmatrix}$$

Assume-se agora que as matrizes A e B das instalações são perturbadas devido a uma condição defeituosa. Assume-se que as matrizes das instalações no domínio do tempo são dadas por A_f=A.GI e B_f= GIB, em que G é um escalar (=1,1) e I é uma matriz de identidade 3 × 3. A estimativa dos parâmetros de A_f após a simulação é (sã a 20 s) dada por

$$\begin{bmatrix} 0.8251 & -0.3833 & -0.0325 \\ 0.1834 & 0.9606 & -0.0034 \\ 0.0189 & 0.1973 & 0.9998 \end{bmatrix}$$

Os valores dos parâmetros do sistema defeituoso aos 20 segundos

$$\begin{bmatrix} 0.9076 & -0.4216 & -0.0325 \\ 0.2017 & 1.0566 & -0.0037 \\ 0.0208 & 0.2171 & 1.9998 \end{bmatrix}$$

A "norma" de uma matriz A é definida como

$\|A\|_1 = \max \sum_{i=1}^{m} |a_{ij}|$ em que $1 \leq j \leq n$

(31)

A norma [norma (A_e , 1) em Matlab] da matriz defeituosa A_f a 20 segundos salta de 1,54 para 1,6953. A definição de um limiar adequado (>1) accionará um anunciador de falha. A norma de um modelo saudável terá uma norma constante, enquanto qualquer falha desencadeará um passo súbito no valor da norma. A Fig. 15 mostra este salto no valor da norma da matriz.

1.6.2. Filtro de Kalman para controlo da velocidade de motores DC para aplicações robóticas de segurança crítica

As pessoas com determinadas deficiências ajudam-se a deslocar-se para os locais com meios artificiais, tirando partido da evolução tecnológica e aumentando a sua qualidade de vida. Os tetraplégicos são aqueles que não são capazes de se deslocar em nenhuma das extensões. As razões para esta diminuição das possibilidades de movimento podem ser diversas: acidente vascular cerebral, artrite, hipertensão arterial, doenças degenerativas dos ossos e articulações e casos de paralisia e defeitos congénitos. Para que os paraplégicos possam deslocar-se de forma autónoma, existem dois dispositivos médicos: os exosceletes e a cadeira de rodas. Ambos utilizam sistemas electrónicos para o movimento da pessoa. São utilizados sensores, actuadores, módulos de comunicação e unidades de processamento de sinais para reconhecer e monitorizar os movimentos da pessoa, o que ela faz ou quer fazer. O motor de corrente contínua faz parte de uma classe de máquinas eléctricas que convertem energia eléctrica de corrente contínua em energia mecânica e é utilizado na cadeira de rodas para o sistema de controlo da velocidade. A velocidade de um motor de corrente contínua pode ser controlada numa vasta gama, utilizando uma tensão de alimentação variável ou alterando a intensidade da corrente nos seus enrolamentos de campo. Os pequenos motores de corrente contínua são utilizados em ferramentas, brinquedos e electrodomésticos. Os motores CC de maiores dimensões são utilizados na propulsão de veículos eléctricos, elevadores e guinchos. Os motores CC são amplamente utilizados em aplicações de controlo de velocidade devido ao seu baixo custo e elevada fiabilidade.

Modelação do sistema

O funcionamento da cadeira de rodas baseia-se na navegação, que, neste caso, é definida como um transporte seguro desde o ponto de partida até um determinado destino. A cadeira de rodas, em comparação com o exoscelet, é um dispositivo médico mais geral e muito mais simples. Assim, as cadeiras de rodas são utilizadas com mais frequência. No entanto, apenas os doentes com membros superiores saudáveis (paraplégicos) podem utilizar com êxito cadeiras de rodas eléctricas normais.

Otto bock B400

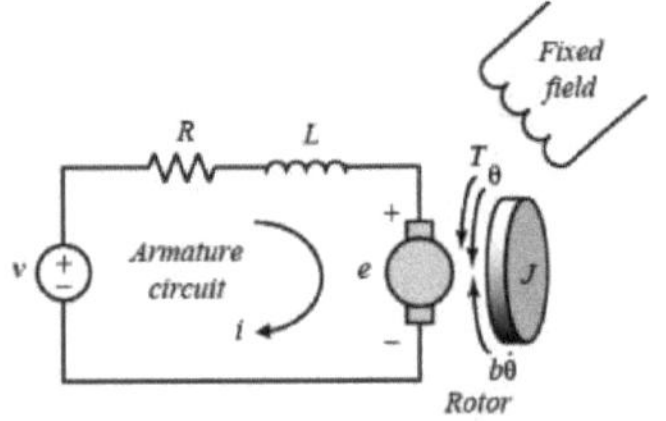

Fig. 16 Otto bock B400

Fig. 17. O circuito elétrico equivalente da armadura e o diagrama de corpo livre do rotor

A B400 é uma das cadeiras de rodas eléctricas mais compactas, versáteis e fáceis de utilizar, o que a torna ideal para o uso diário. A B400, como mostra a Fig. 16, tem uma largura compacta de cerca de 58 cm. Esta é uma das principais razões pelas quais esta cadeira de rodas se tornou tão popular. Tem uma grande capacidade de manobra em áreas estreitas e é ideal para o uso quotidiano. A Otto Bock pensou muito ao projetar esta cadeira elétrica em particular, tornando-a muito fácil de usar em situações da vida cotidiana. Um atuador comum usado nesta cadeira de rodas para sistemas de controle de velocidade é o motor DC. Proporciona diretamente movimento rotativo e, associado a rodas ou tambores e cabos, pode proporcionar movimento de translação. O circuito elétrico equivalente da armadura e o diagrama de corpo livre do rotor são apresentados na Fig. 17.

Onde

R=Resistência eléctrica

L=Indutância eléctrica

J=Momento de inércia do rotor

b=Constante de atrito viscoso do motor

□=Velocidade de rotação do veio

T=Binário do motor

Em geral, o binário gerado por um motor CC é proporcional à corrente da armadura e à força do campo magnético. Em unidades SI, as constantes de binário do motor e de fem de retorno são iguais, ou seja, $K_t = K_e$, pelo que utilizaremos K para representar tanto a constante de binário do motor como a constante de fem de retorno. A partir da Fig. 17, podemos deduzir as seguintes equações de controlo com base na lei de Newton 2nd e na lei da tensão de Kirchhoff.

$J\dot{\theta}+b\dot{\theta} = Ki$ (32)

$L\frac{di}{dt} + Ri = V - K\dot{\theta}$(33)

Aplicando a transformada de Laplace, as equações de modelação acima podem ser expressas em termos da variável de Laplace s.

$s(Js + b)\,\theta(s) = K\,I(s)$ (34)

$(Ls+ R)\,I(s) = V(s) - K\,s\,\theta(s)$ (35)

Chegamos à seguinte função de transferência em malha aberta eliminando I(s) das duas equações acima.

$P(s) = \frac{\theta(s)}{V(s)} = \frac{K}{(Js+b)+(Ls+R)+K^2}$(36)

A estrutura do sistema de controlo tem a forma mostrada na Fig. 18 abaixo.

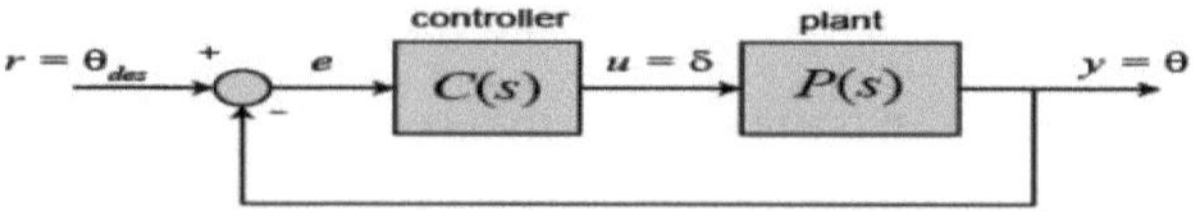

Fig.18 Estrutura do sistema de controlo

As equações dinâmicas na forma de espaço de estados são dadas a seguir.

$$\frac{d}{dt}\begin{bmatrix}\dot{\theta}\\ i\end{bmatrix} = \begin{bmatrix}-\frac{b}{J} & -\frac{K}{J}\\ -\frac{K}{L} & -\frac{R}{L}\end{bmatrix}\begin{bmatrix}\dot{\theta}\\ i\end{bmatrix} + \begin{bmatrix}0\\ \frac{1}{L}\end{bmatrix}V \quad (37)$$

$$y = [1\ 0]\begin{bmatrix}\dot{\theta}\\ i\end{bmatrix}(38)$$

Estas equações de espaço de estados têm a forma padrão como se mostra nas equações [16-17], em que o vetor de estados

x= $\begin{bmatrix} \dot{\theta} \\ i \end{bmatrix}$ e a entrada u = V.

Para utilizar o filtro de Kalman discreto, é necessário converter o modelo de espaço de estados contínuo da equação[37] num modelo de espaço de estados discreto.

Modelo de sistema do filtro de Kalman

O filtro de Kalman discreto é aplicado ao modelo discreto do espaço de estados do sistema de controlo de velocidade que utiliza um motor de corrente contínua. Como o número de parâmetros a identificar é dois, um sistema de segunda ordem é definido como

$x_k = Ax_{k-1} + Bu_k + w_{k-1}$ (39)

Onde, x_k é o vetor de estado em k=1,2,3,...n. w_k é o ruído do sistema e u_k é o sinal de entrada.

A equação de saída pode ser definida como mostra a equação [19].

O valor próprio mais elevado da matriz A $\Omega = 2{,}0025$ rad/s.

Por conseguinte, para a conversão da forma contínua para a forma discreta do espaço de estados, é utilizado um intervalo de amostragem de $2\pi/(5\Omega)$ = 0,6275 segundos. A forma discreta s-s é apresentada nas equações [20-21].

em que A = $\begin{bmatrix} 0.0018 & 0.0354 \\ -0.0007 & 0.2847 \end{bmatrix}$ e B = $\begin{bmatrix} 0.0644 \\ 0.7146 \end{bmatrix}$

Em que o ruído de medição v_k é um ruído gaussiano branco de média zero.

Algoritmo de filtragem

O princípio do filtro de Kalman é o seguinte: No momento k, as previsões do vetor de estado e as matrizes de parâmetros são calculadas a partir da entrada u=V. Temos dois conjuntos distintos de equações: Atualização temporal (previsão) e Atualização da medição (correção). Ambos os conjuntos de equações são aplicados a cada k^{th} estado. O algoritmo do filtro de Kalman é resumido como se mostra nas equações [23-27]

Na experiência, foi utilizado um motor de corrente contínua com um momento de inércia do rotor de 0,01 kg.m^2 , uma constante de atrito viscoso do motor de 0,1 N.m.s, uma constante de força eletromotriz de 0,01 V/rad/seg, uma constante de binário do motor de 0,01 N.m/Amp, uma resistência eléctrica de 1 Ohm e uma indutância eléctrica de 0,5 H. O período de amostragem foi de 0,6275 seg. Depois, estes dados são aplicados ao algoritmo do filtro de Kalman. As matrizes de covariância do ruído A principal fonte de ruído do motor são as escovas do comutador/rotor, que podem saltar à medida que o veio do motor roda. Este ressalto, quando associado à indutância das bobinas do motor e dos cabos do motor, provoca ruído elétrico na linha de alimentação e pode mesmo induzir ruído em circuitos electrónicos próximos. As matrizes de covariância do ruído do sistema Q e do ruído de medição R são definidas a partir dos ruídos produzidos no motor de corrente contínua. Assume-se que o ruído do sistema e o ruído de medição são Gaussianos brancos. As variâncias destes ruídos são calculadas. Assumindo então que não existe correlação, as matrizes de covariância do ruído do sistema Q e do ruído de medição R são fixadas em

$$Q = \begin{bmatrix} 0.009 & 0 \\ 0 & 0.08 \end{bmatrix} (40)$$

$$R = [0.1] \ (41)$$

Valores iniciais Os valores iniciais da estimativa do vetor de estado e dos parâmetros são definidos para alguns valores desejados. Para a matriz de covariância do erro de estimativa,

$$P_0 = \begin{bmatrix} 0.1389 & 0 \\ 0 & 0.0389 \end{bmatrix} \ (42)$$

pode ser utilizado.

A Figura 4 mostra o comportamento dos valores estimados de $\hat{x}$ $\begin{bmatrix} \dot{\theta} \\ i \end{bmatrix}$calculados com o algoritmo do filtro de Kalman na presença de ruído gaussiano branco aditivo. O erro entre o estado e os valores finais é muito pequeno (0,005). O método de regressão linear é utilizado para obter os parâmetros do modelo, conhecendo os valores de entrada e saída.

Para uma entrada em degrau (u_k =1), as equações do espaço de estados e a sua diferença são apresentadas nas equações [28-29] e [30], respetivamente.

A Fig. 19 mostra que após t>6,275 seg, o estado estacionário é atingido e o efeito do ruído aditivo é mínimo. Assim, na equação [30], os elementos da matriz A podem ser estimados por regressão.

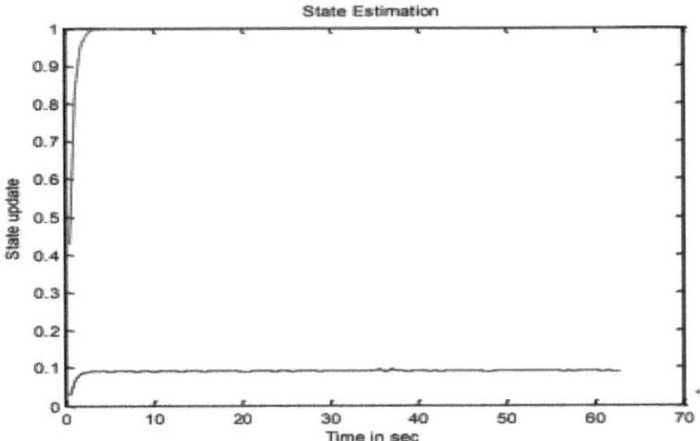

Fig.19Resultado da estimativa de estado

1.6.3. Estimação adaptativa do canal

A procura crescente de comunicações subaquáticas em aplicações como a exploração subaquática e a cartografia dos fundos marinhos tem motivado a investigação nesta área. A comunicação acústica subaquática tem sido considerada o principal modo de comunicação subaquática sem fios. No entanto, o efeito multipercurso de um canal acústico subaquático é bastante grave e conduz a uma grande interferência entre símbolos.

Prevê-se que os sistemas sem fios exijam taxas de dados elevadas com atrasos reduzidos e uma taxa de erro de bits (BER) baixa. Além disso, a transmissão de elevado débito de dados e a elevada mobilidade dos transmissores e/ou receptores resultam geralmente em canais de desvanecimento selectivos em frequência e selectivos no tempo, ou seja, duplamente selectivos, para os futuros sistemas móveis sem fios de banda larga. Por conseguinte, a atenuação desses efeitos de desvanecimento duplamente seletivo é fundamental para uma transmissão de dados eficiente. Além disso, a informação perfeita sobre o estado do canal (CSI) não está disponível no recetor. Assim, na prática, uma estimativa exacta da CSI tem um impacto importante no desempenho global do sistema. Isto deve-se também ao facto de, ao contrário das caraterísticas tipicamente estáticas e previsíveis de um canal com fios, o canal sem fios ser bastante dinâmico e imprevisível, o que torna muitas vezes difícil uma análise exacta do sistema de comunicação sem fios.

Estimativa de canal baseada em filtro de Kalman

A estimativa do canal é um esquema em que a informação sobre o estado do canal é recuperada utilizando a resposta ao impulso do canal. A filtragem de Kalman é uma técnica eficiente para remover impurezas em sistemas lineares. O filtro de Kalman é um filtro recursivo que utiliza métodos de espaço de estados e algoritmos recursivos. O algoritmo do filtro de Kalman inclui duas etapas;

a) Previsão - Refere-se à projeção do estado atual para obter as estimativas para o passo seguinte. É, portanto, conhecida como etapa de atualização temporal.

b) Correção - É a fase de retroação que incorpora as novas medições nas estimativas. Por isso, é conhecida como etapa de medição. Este processo é repetido para cada estado com o valor do estado anterior como valor inicial.

São consideradas duas equações ideais: Atualização do tempo e Atualização da medição e ambos os conjuntos de equações são aplicados em cada estado k^{th}, como se mostra nas equações [23-27].

Estimativa de canal baseada em filtro de Kalman alargado

Os coeficientes do canal podem ser estimados através de um procedimento recursivo semelhante ao filtro de Kalman discreto. Como a aproximação linear está envolvida na derivação, o filtro é chamado de filtro de Kalman estendido (EKF). A derivação do EKF é omitida neste trabalho por razões de brevidade. O EKF fornece uma trajetória de estimativa para x(n). O erro em cada atualização diminui e a estimativa aproxima-se do valor ideal durante as iterações. O erro em cada atualização diminui e a estimativa torna-se mais próxima do valor ideal durante as iterações. No entanto, provou-se que o EKF é um método muito útil para obter boas estimativas do estado do sistema. Por isso, motivou-nos a explorar o desempenho do EKF na estimação de canal para o sistema OFDM. Os resultados da simulação mostram que a estimação utilizando o filtro de Kalman alargado apresenta um melhor desempenho em comparação com outras técnicas de estimação tradicionais.

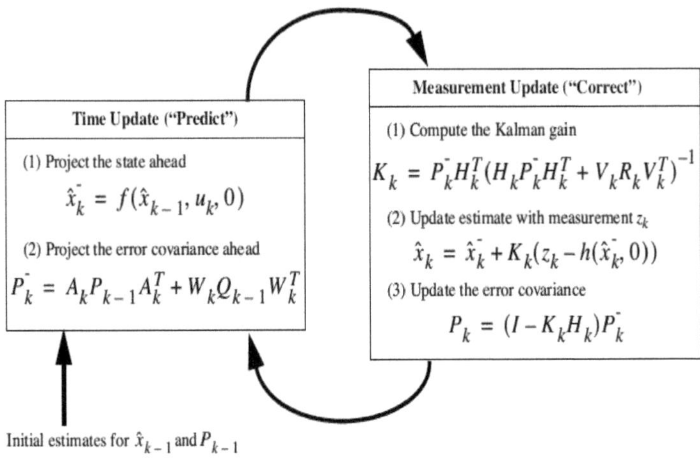

Fig. 20 Algoritmo do filtro de Kalman alargado

Onde,

$\hat{x}$Estimativa do vetor de estado

$\hat{x}^-$Previsão do vetor de estado

z:Vetor de valores de medição

K:Ganho de Kalman

$\overline{P}$Previsão da covariância do erro

P:Atualização da covariância do erro

I:Matriz unitária

Q eR: matrizes de covariância do ruído do sistema e do ruído de medição, respetivamente.

➢ *Estimação de canais utilizando o filtro de Kalman:*

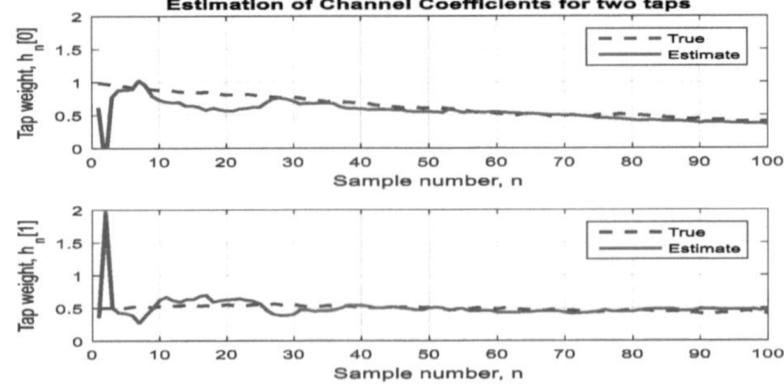

Fig. 21 Estimativa dos coeficientes de canal utilizando o filtro de Kalman para duas derivações

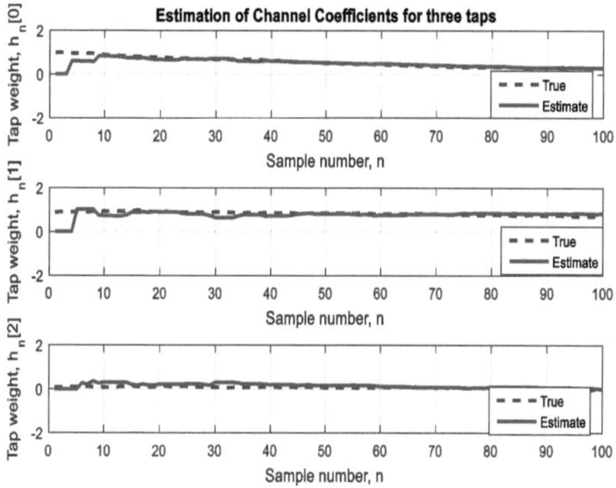

Fig. 22 Estimativa dos coeficientes de canal utilizando o filtro de Kalman para três derivações

A Fig. 21 mostra a estimativa dos coeficientes de canal para dois taps utilizando o filtro de Kalman. Neste caso, considerámos o canal como um canal de desvanecimento Rayleigh de duas derivações, pelo que estimámos os coeficientes utilizando o algoritmo do filtro de Kalman, que é apresentado na Tabela 1. Nesta simulação, considerámos que o número de amostras ou iterações é 100. A linha vermelha indica os valores estimados. Uma vez que o filtro de Kalman é um filtro recursivo, os valores estimados correspondem aos valores reais à medida que o número de amostras aumenta. Na figura acima, podemos ver que os valores estimados estão a coincidir com os valores reais após o número de amostras 40.

A Fig. 22 mostra a estimativa dos coeficientes de canal para três derivações utilizando o filtro de Kalman. À semelhança da Fig. 21, para efeitos experimentais, o filtro de Kalman também fornece a melhor estimativa para três derivações. Neste caso, o número de amostras (iterações) considerado é 100. Como mostra o gráfico, o filtro de Kalman fornece a melhor estimativa para qualquer número de torneiras.

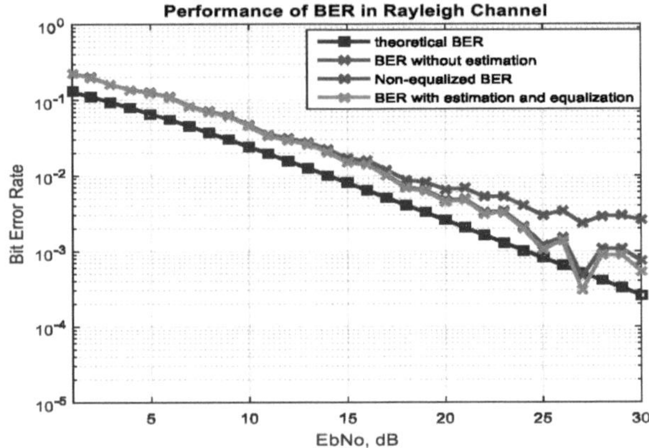

Fig. 23 Comparação do desempenho da BER utilizando Estimativa e Equalização de Canal

A Fig.23 mostra a análise comparativa da BER no canal Rayleigh. O gráfico mostra o desempenho da BER com o uso de estimativa e equalização de canal e sem o uso de estimativa e equalização de canal com a BER calculada teoricamente. Também o gráfico mostra que a estimativa e a equalização ajudam mais na melhoria da taxa de dados.

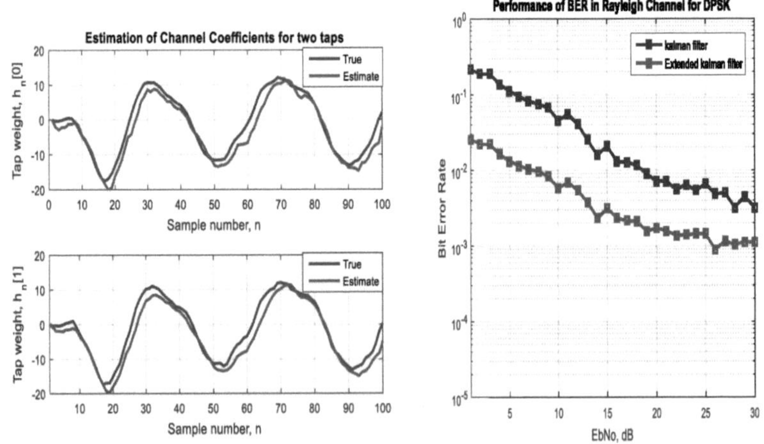

Fig. 24 Estimativa dos coeficientes de canal utilizando utilizando o filtro de Kalman e o filtro de Kalman alargado alargado

Fig. 25. Comparação da BER Filtro de Kalman

A Fig. 24 mostra a estimativa dos coeficientes do canal utilizando o filtro de Kalman alargado. O filtro de Kalman alargado é utilizado para sistemas não lineares. Uma vez que o canal subaquático é dinâmico e não linear, este filtro é eficiente para estimar os coeficientes do canal. A estimativa do canal é efectuada utilizando o algoritmo do filtro de Kalman alargado, como se mostra na Fig.20. O número de iterações considerado aqui é 100. Quando o número de iterações aumenta, a eficiência será maior. Na figura, podemos ver que, após algumas iterações, os valores estimados estão a coincidir com os valores reais.

A Fig. 25 mostra a comparação da BER utilizando o filtro de Kalman e o filtro de Kalman alargado. O filtro de Kalman é uma ferramenta eficiente para a estimativa do canal e permite estimar corretamente os parâmetros do canal. Uma vez que o modelo de canal considerado é o canal de Rayleigh, que é de natureza não linear, o filtro de Kalman alargado apresenta um melhor desempenho do que o filtro de Kalman linear, como mostra a Fig. 25. A tabela seguinte. 2 mostra a comparação da BER do sistema OFDM com o filtro de Kalman e o filtro de Kalman alargado para o canal de desvanecimento Rayleigh.

Channel Estimation schemes	Channel	BER	BER Improvement by Extended Kalman filter
Kalman filter	Rayleigh	0.0036	72.2 %
Extended Kalman filter		0.0010	

Tabela. 2 Comparação da BER do sistema OFDM com filtro de Kalman e filtro de Kalman alargado

1.6.4. Filtragem de Kalman adaptativa para a navegação de veículos

Em algumas aplicações de navegação, é necessário conhecer a posição exacta em que um veículo vira. No processamento de correspondência de mapas, por exemplo, os pontos de viragem de um veículo têm de ser determinados com precisão para estabelecer uma correspondência fiável de mapas. Na maioria das cidades, os mapas locais baseiam-se no datum local e têm de ser transformados no sistema de coordenadas WGS 84 para a utilização da tecnologia de navegação por satélite. Uma das formas mais rápidas de estabelecer os parâmetros de transformação é conduzir um automóvel equipado com um recetor GPS nas diferentes zonas das cidades. Em seguida, os pontos de viragem da trajetória são extraídos e comparados com os dados do mapa nos mesmos locais para determinar os parâmetros de transformação. Atualmente, os filtros de Kalman têm sido amplamente utilizados em diferentes receptores GPS. No entanto, um filtro de Kalman convencional é vulnerável à determinação exacta dos pontos de viragem. A filtragem de Kalman é um método de estimativa óptima que tem sido amplamente aplicado no processamento de dados dinâmicos em tempo real. Um filtro de Kalman estima o estado de um sistema dinâmico com dois modelos diferentes, nomeadamente o modelo dinâmico e o modelo de observação. O modelo dinâmico descreve o comportamento do vetor de estado, enquanto o modelo de observação estabelece a relação entre as medições e o vetor de estado. Ambos os modelos estão associados a propriedades estatísticas para descrever a exatidão dos modelos. Para muitas aplicações, os níveis de ruído estatístico do modelo são dados antes do processo de filtragem e manter-se-ão inalterados durante todo o processo recursivo. Normalmente, esta informação estatística a priori é determinada pela análise de testes e por um certo conhecimento prévio do tipo de observação. Se essa informação a priori for inadequada para representar os níveis reais de ruído estatístico, a estimativa de Kalman não é óptima e pode dar origem a um resultado pouco fiável, conduzindo mesmo, por vezes, a divergências na filtragem. No caso da navegação de veículos, é impossível prever uma aceleração ou desaceleração súbita e uma mudança brusca de direção. Por conseguinte, é difícil conceber um sistema com variações constantes de ruído que satisfaça todas as situações. Um dos problemas mais comuns na navegação de veículos com recurso ao filtro de Kalman é o chamado problema de "sobredisparo". Trata-se do efeito de o modelo dinâmico manter a estimativa da posição de acordo com a tendência anterior, quando o veículo vira para outra direção. A filtragem adaptativa tenta determinar os parâmetros estatísticos do sistema dinâmico com base no comportamento do sistema durante o processamento dos dados, e tem merecido muita atenção na teoria da filtragem de Kalman (Jia e Zhu, 1984, e Gustafsson, 2000). Foram estudados diferentes algoritmos de filtragem de Kalman adaptativos para aplicações de topografia e navegação. Chen (1992) e Mohamed e Schwarz (1999) aplicaram filtros de Kalman adaptativos para a integração do GPS e do sistema de navegação inercial (INS). Wang et al (1997) aplicaram um algoritmo adaptativo simplificado no posicionamento cinemático do GPS. Chen et al (1999) utilizam filtros adaptativos para estimar a velocidade de estações GPS permanentes[154]. Neste artigo, investigamos o desempenho de dois filtros de Kalman adaptativos diferentes para a navegação de veículos com GPS, um baseado na memória de desvanecimento e outro baseado na estimativa da variância. Ambos os algoritmos utilizam os resíduos previstos. A abordagem da memória de desvanecimento tenta estimar um fator de escala para aumentar os componentes de variância previstos do vetor de estado. O método de estimativa da variância, por outro lado, calcula diretamente o fator de variância para o modelo dinâmico. Ambos os algoritmos examinam atentamente se existe divergência no processo de filtragem. Se não houver divergência, é utilizada a filtragem de Kalman convencional. Caso contrário, são aplicados os algoritmos adaptativos. O documento apresenta dois exemplos de navegação de veículos com DGPS. Demonstra-se que a precisão do posicionamento com as abordagens adaptativas é significativamente melhor do que a filtragem de Kalman convencional, especialmente quando o veículo faz curvas.

A estimativa da filtragem de Kalman na época k pode ser considerada como um ajustamento "ponderado" entre as novas medições (modelo de observação) e o vetor de estado previsto com base no modelo dinâmico e em todas as medições anteriores. Se o modelo dinâmico tiver demasiado "peso", a estimativa ignorará as informações das medições e provocará a divergência do processo de filtragem. A ideia de desvanecimento da memória é simples. Ao aplicar um fator S>1 à matriz de covariância prevista para aumentar deliberadamente a variância do vetor de estado previsto, será dado mais "peso" às medições.

Exemplos:

A fim de avaliar o desempenho dos algoritmos adaptativos no posicionamento GPS, foram efectuados vários testes. No primeiro exemplo, utilizámos dois receptores GPS TOPCON Java Legacy-E de dupla frequência. Um recetor foi instalado no telhado do edifício Tang Ping Yuan, na Universidade Politécnica de Hong Kong, como estação de referência. Outro recetor GPS foi instalado no tejadilho de um carro que circulava na estrada, a cerca de 15 km da universidade. A Fig. 26 mostra a trajetória do carro. Durante o teste, foram recolhidas medições de pseudo-alcance de dupla frequência e de fase da portadora. Os dados recolhidos foram depois pós-processados utilizando um software GPS interno desenvolvido pela Universidade Politécnica de Hong Kong. Em primeiro lugar, a trajetória de referência foi obtida com posicionamento GPS cinemático utilizando medições da fase da portadora. Em seguida, os dados do código L1 C/A foram processados utilizando diferentes filtros de Kalman. Foi adotado um modelo de velocidade constante como modelo dinâmico para os filtros de Kalman. O vetor de estado é constituído pelas coordenadas geocêntricas (X, Y, Z) e pela velocidade ($\dot{X}$,$\dot{Y}$,$\dot{Z}$). As acelerações ($\ddot{X}$,$\ddot{Y}$,$\ddot{Z}$) são consideradas como o ruído do modelo dinâmico. As pseudoranges de dupla diferença foram formadas como observação e, por conseguinte, os erros de polarização do relógio do recetor não foram modelados no processamento de dados. O método convencional de filtragem de Kalman foi utilizado em primeiro lugar para processar os dados DGPS. No nosso teste, foram utilizados dois níveis de ruído dinâmico diferentes, $\sigma_{\ddot{X}}$ =0.1m/s^2 e $\sigma_{\ddot{X}}$=0.05m/s^2 , foram escolhidos para analisar a dependência do ruído do modelo no desempenho do posicionamento. As Figs. 27 e 28 mostram os erros de posicionamento do filtro de Kalman convencional com estes dois níveis de ruído dinâmico. É claramente demonstrado que os erros de posicionamento são significativamente diferentes quando são selecionados diferentes níveis de ruído dinâmico. Os picos na Fig. 28 são maiores do que os da Fig. 27. Os erros RMS são 2,18 m (Este) e 1,85 m (Norte) e 4,02 m (Este) e 2,80 m (Norte) para os níveis de ruído de 0,1 m/s^2 e 0,05 m/s^2 , respetivamente.

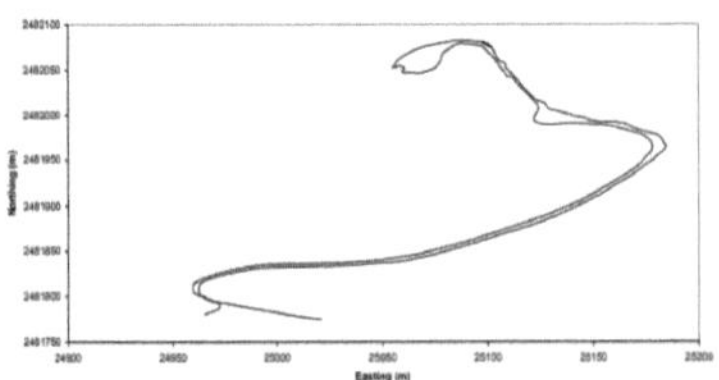

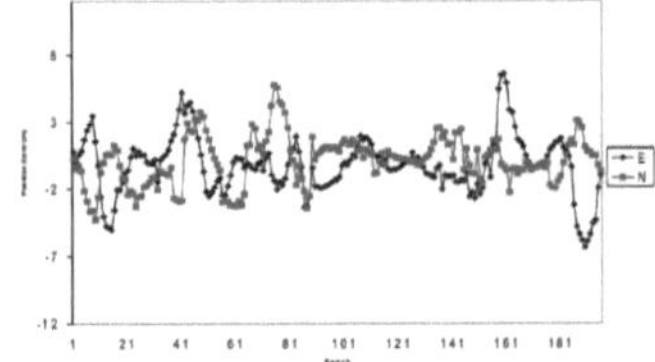

Fig. 26 Trajetória do automóvel

Fig. 27 Erro de posicionamento com filtro de Kalman convencional Filtro de Kalman convencional ($\sigma_{\ddot{X}}$ =0,1 m/s^2)

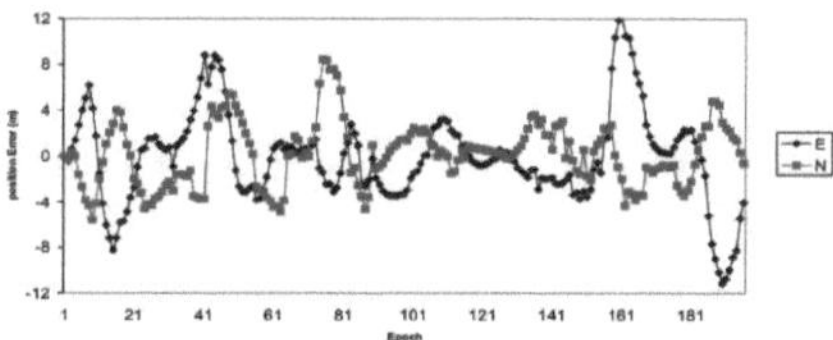

Fig. 28 Erro de posicionamento com ($\sigma_{\ddot{X}}$ =0,05 m/s^2)

É muito mais claro comparar as trajectórias estimadas com a pseudofaixa diferencial com a "verdadeira" estimada pelas medições da fase da portadora. As figuras 29 e 30 mostram a trajetória "verdadeira" estimada com as medições da fase da portadora e a trajetória estimada utilizando o pseudo-intervalo do código C/A, utilizando o filtro de Kalman convencional. Nas rectas, os erros de posicionamento são semelhantes com diferentes níveis de ruído. No entanto, com uma restrição rigorosa do nível de ruído dinâmico (0,05 m/s^2), os erros de posicionamento são significativamente maiores quando o automóvel vira.

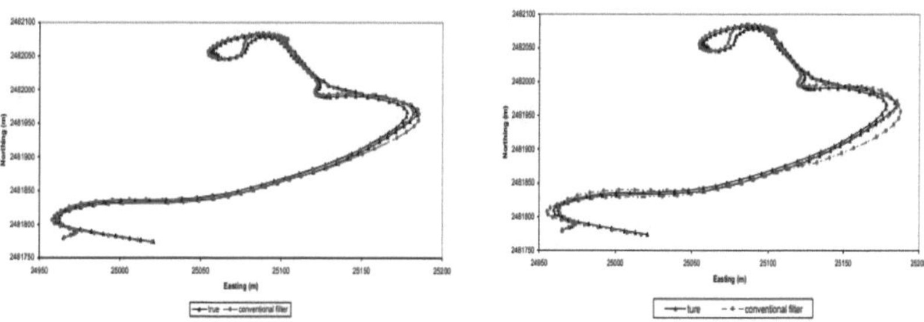

Fig. 29 Trajetória estimada com filtro de Kalman convencional com o filtro de Kalman convencional ($\sigma_{\ddot{X}}$ =0,1 m/s)^2

Fig. 30 Trajetória estimada Filtro de Kalman ($\sigma_{\ddot{X}}$ =0,05 m/s)^2

Em seguida, o mesmo conjunto de dados foi processado utilizando os filtros adaptativos. As Fig. 6 e 7 mostram os erros de posicionamento com os dois filtros de Kalman adaptativos, respetivamente. Comparando as Fig. 30 e 31 com as Fig. 26 e 27, verifica-se claramente que os erros de posicionamento com os filtros adaptativos são significativamente inferiores aos do filtro convencional. Para o filtro de memória de desvanecimento, os erros de posicionamento são reduzidos para 0,91 m e 1,34 m RMS para este e norte, respetivamente. Podem ser obtidos melhores resultados com o método de estimativa da variância, com o erro RMS de 0,72 m e 1,21 m para este e norte, respetivamente. Além disso, os erros nas Fig. 31 e 32 estão uniformemente distribuídos, o que significa que os erros de posicionamento não estão associados às mudanças bruscas de manobra do automóvel. A

Tabela. 3 resume o erro RMS do erro de posicionamento utilizando diferentes algoritmos de filtragem. Para os filtros adaptativos, os níveis de ruído inicial são escolhidos como os mesmos do filtro de Kalman convencional. O nível de ruído dinâmico afecta fortemente o desempenho do filtro de Kalman convencional. No caso do filtro de memória de desvanecimento, os erros de posicionamento são significativamente reduzidos. No entanto, a precisão do posicionamento continua a ser afetada pela seleção do nível de ruído dinâmico inicial. O filtro de estimação da variância tem melhor desempenho do que o filtro de memória desvanecida e não é afetado pela seleção do nível de ruído dinâmico inicial. Foram também efectuados vários outros testes e os resultados confirmam as conclusões acima referidas.

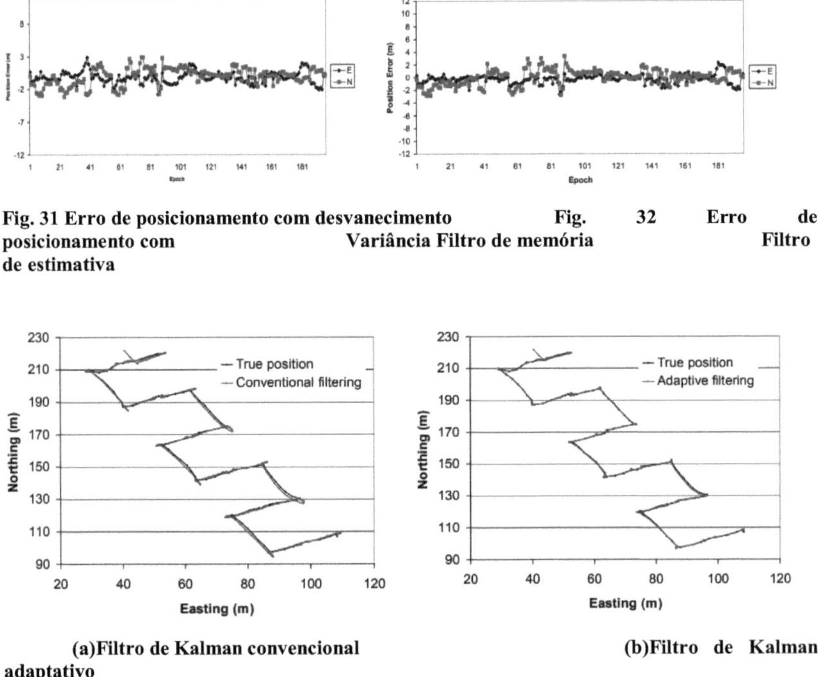

Fig. 31 Erro de posicionamento com desvanecimento Fig. 32 Erro de posicionamento com Variância Filtro de memória Filtro de estimativa

(a)Filtro de Kalman convencional (b)Filtro de Kalman adaptativo

Fig. 33 Trajectórias estimadas com diferentes tipos de filtragem para o exemplo 2

Tipo de filtro	KF convencional		Memória que se desvanece		Estimativa de desvio	
Nível de ruído (m/s^2)	0.1	0.05	0.1	0.05	0.1	0.05
Nascente (m)	2.18	4.02	0.91	1.28	0.72	0.72

Nortes (m)	1.85	2.80	1.34	1.55	1.21	1.21

Tabela. 3 Erros de posicionamento com diferentes filtros (Exemplo 1)

O segundo exemplo é o levantamento de uma secção transversal de uma autoestrada. Foram utilizados receptores GPS Leica SR229 para o levantamento do perfil da secção transversal (como se mostra na Fig. 33). A posição do perfil é determinada pela técnica GPS RTK com uma precisão de nível centimétrico. Em seguida, são utilizados os filtros de Kalman convencionais e os dois filtros adaptativos referidos neste documento para processar os dados de pseudo-alcance diferencial. Os erros de posicionamento com estes três métodos são apresentados na Fig. 8. É evidente na Fig. 33 que a precisão da estimativa da posição com o filtro de Kalman convencional é muito pior do que com os filtros adaptativos. Os erros de pico na Fig. 33 estão associados às curvas da trajetória.

A tabela. 4 mostra o erro RMS dos três filtros.

Tipo de filtro	KF convencional	Memória que se desvanece	Estimativa de desvio
Nascente (m)	1.25	0.92	0.88
Nortes (m)	0.93	0.53	0.41

Tabela. 4 Erros de posicionamento com diferentes filtros (m) (Exemplo 2)

Referências

[1] M. Stojanovic, "Underwater acoustic communications: Design considerations on the physical layer", 2008 5th Annu. Conf. Wirel. Demand Netw. Syst. Serv. WONS, n.º 2, pp. 1-10, 2008.

[2] A. Ranjan e A. Ranjan, "Underwater Wireless Communication Network," vol. 3, no. 1, pp. 41-46, 2013.

[3] M. Kiranmayi e K. Ayyaswamy, "Underwater Wireless Sensor Networks : Applications , Challenges and Design Issues of the Network Layer - A Review", Int. J. Emerg. Trends Eng. Res., vol. 3, no. 1, pp. 5-11, 2015.

[4] M. Stojanovic e J. Preisig, "Underwater acoustic communication channels: Propagation models and statistical characterization," IEEE Commun. Mag., vol. 47, no. 1, pp. 84-89, 2009.

[5] M. Stojanovic, "Underwater Acoustic Communication", Wiley Encycl. Electr. Electron. Eng., vol. 25, no. 1, pp. 72-83, 2000.

[6] Ravi Kumar M G e Mrinal Sarvagya, "OFDM-System Design Using Adaptive Modulation and Channel Estimation for Underwater Acoustic Communication," IJFGCN, vol. 9, no. 12, pp. 107-116, 2016.

[7] J. Armstrong, "OFDM for optical communications," in Journal of Lightwave Technology, 2009.

[8] K. Chithra et al., "Underwater communication implementation with OFDM," Indian J. Geo-Marine Sci., vol. XX, no. X, 2015.

[9] Esmaiel Hamada, Jiang Danchi, H. Esmaiel e D. Jiang, "Review Article: Multicarrier Communication for Underwater Acoustic Channel", Int'l J. Commun. Netw. Syst. Sci., vol. 06, no. 08, pp. 361-376, 2013.

[10] I. F. Akyildiz, D. Pompili, and T. Melodia, "Challenges for efficient communication in underwater acoustic sensor networks," ACM SIGBED Rev., vol. 1, no. 2, pp. 3-8, 2004.

[11] S. X. HUI Junying, "Underwater Acoustical Channel," in National Defense Industry Press, 2007.

[12] C. Krishnaswamy e T. Chinnasamy, "Implementação de comunicação subaquática com OFDM", no. junho de 2018, 2015.

[13] V. P. Shah, "Design Considerations for Engineering Autonomous Underwater Vehicles", 2007.

[14] M. Stojanovic, "Underwater acoustic communications: Design considerations on the physical layer", em IEEE/IFIP 5th Annu. Conf. Wireless On Demand Netw. Syst. Services, 2008.

[15] T. Melodia, H. Kulhandjian, L. Kuo, e E. Demirors, ADVANCES IN UNDERWATER ACOUSTIC NETWORKING. 2013.

[16] L. Yin, B. Chen, e P. Cai, "Implementação e desenho de um sistema de comunicação de fala acústica subaquática baseado na tecnologia OFDM," AASRI Procedia, 2012.

[17] M. C. Domingo, "Overview of channel models for underwater wireless communication networks", Physical Communication. 2008.

[18] J. C. e J. P. M. Stojanovic, "Adaptive multichannel combining and equalization for underwater acoustic communications", J. Acoust. Soc. Am., vol. 94, no. 3, pp. 1621-1631, 1993.

[19] P. K. e K. B. L. Freitag, M. Grund, S. Singh, J. Partan, "The WHOI micro-modem: An acoustic communications and navigation system for multiple platforms," in Proc. IEEE Oceans Conf, 2005.

[20] S. Zhou e Z. Wang, OFDM para comunicações acústicas submarinas. 2014.

[21] M. Stojanovic, "Underwater acoustic communications: Design considerations on the physical layer", em 2008 5th Annual Conference on Wireless on Demand Network Systems and Services, WONS, 2008.

[22] J. K. N. e S. S. K. A. C. Singer, "Signal Proc- essing for Underwater Acoustic Communications", IEEE Commun. Mag., vol. 47, no. 1, pp.

90-96, 2009.

[23] B. Li, S. Zhou, J. Huang, e P. Willett, "Scalable OFDM design for underwater acoustic communications," in ICASSP, IEEE International Conference on Acoustics, Speech and Signal Processing - Proceedings, 2008.

[24] R. Jurdak, A. G. Ruzzelli, C. V. Lopes, e G. M. P. O'Hare, "Design considerations for deploying underwater sensor networks," in 2007 International Conference on Sensor Technologies and Applications, SENSORCOMM 2007, Proceedings, 2007.

[25] V. J. Naveen, "ICI Reduction using Extended Kalman Filter in OFDM System," vol. 17, no. 7, pp. 15-22, 2011.

[26] Y. Luo, S. Member, L. Pu, S. Member, M. Zuba, e S. Member, "Challenges and Opportunities of Underwater Cognitive Acoustic Networks", pp. 1-13.

[27] M. Stojanovic e J. G. Proakis, "Acoustic (underwater) communications", em Encyclopedia of Telecommunications, 2003.

[28] e M. S. J. Proakis, J. Rice, E. Sozer, "Shallow water acoustic networks", em Encyclopedia of Telecommunications, 2003.

[29] J. W. Han, S. Y. Kim, K. M. Kim, S. Y. Chun, e K. Son, "Design of OFDM system for high speed underwater communication," in Proceedings - 12th IEEE International Conference on Computational Science and Engineering, CSE 2009, 2009.

[30] A. Y. Kibangou, L. Ros e C. Siclet, "Doppler estimation and data detection for underwater acoustic ZF-OFDM receiver," in Proceedings of the 2010 7th International Symposium on Wireless Communication Systems, ISWCS'10, 2010.

[31] V. Hajare e J. Mali, "UNDERWATER WIRELESS COMMUNICATION USING MATLAB SIMULINK," Int. J. Recent Trends Eng. Res. Issue, 2018.

[32] L. Freitag, "Recent Trends in Underwater Acoustic Communications" (Tendências recentes nas comunicações acústicas submarinas).

[33] M. Chitre, S. Shahabudeen, e M. Stojanovic, "Underwater Acoustic Communications and Networking: Recent Advances and Future Challenges", Mar. Technol. Soc. J., vol. 42, no. 1, pp. 103-116, 2008.

[34] H. L. IWONA KOCHA?SKA, "APPLICATION OF OFDM TECHNIQUE TO UNDERWATER ACOUSTIC DATA TRANSMISSION", HYDROACOUSTICS, vol. 14, pp. 91-98, 2011.

[35] Marius Oltean, "An Introduction to Orthogonal Frequency Division Multiplexing," no. março, p. 6, 2016.

[36] C. R. Berger, J. Gomes, and J. M. F. Moura, "Study of pilot designs for cyclic-prefix OFDM on time-varying and sparse underwater acoustic channels," in OCEANS 2011 IEEE - Spain, 2011.

[37] H. Sen Hung, C. L. Wei, L. Chiu, e C. F. Chen, "Design and implementation of OFDM acoustic modem for underwater communication," in OCEANS 2014 - TAIPEI, 2014.

[38] S. Xiaohong, W. Haiyan, Z. Yuzhi, e Z. Ruiqin, "Adaptive Technique for Underwater Acoustic Communication," Cdn.Intechopen.Com.

[39] A. E. Abdelkareem, B. S. Sharif, e C. C. Tsimenidis, "Adaptive time varying doppler shift compensation algorithm for OFDM-based underwater acoustic communication systems", Ad Hoc Networks, 2016.

[40] J. Hu e T. M. Duman, "Low density parity check codes over wireless relay channels," IEEE Trans. Wirel. Commun., 2007.

[41] N. Nasri, L. Andrieux, A. Kachouri, e M. Samet, "Efficient encoding and decoding schemes for wireless underwater communication systems," in 2010 7th International Multi-Conference on Systems, Signals and Devices, SSD-10, 2010.

[42] R. K. M. G e M. Sarvagya, "OFDM-Receiver Design using Efficient

Adaptive Modulation Techniques for Underwater Acoustic Communication," vol. 9, no. 17, pp. 8569-8578, 2016.

[43] P. Suryawanshi, V. Sonone e A. Jadhav, "Comunicação subaquática usando o sistema OFDM", Int. J. Sci. Res. Publ., vol. 3, no. 12, pp. 1-5, 2013.

[44] S. O. A. LING, "SNR ESTIMATION USING EXTENDED KALMAN FILTER TECHNIQUE FOR ORTHOGONAL FREQUENCY DIVISION MULTIPLEXING (OFDM) SYSTEM", no. julho, 2012.

[45] K. Tu, T. M. Duman, M. Stojanovic, e J. G. Proakis, "Multiple-resampling receiver design for OFDM over doppler-distorted underwater acoustic channels," IEEE J. Ocean. Eng., vol. 38, no. 2, pp. 333-346, 2013.

[46] P. QarabaqI and M. Stojanovic, "Statistical Characterization and Computationally Efficient Modeling of a Class of Underwater Acoustic Communication Channels," IEEE J. Ocean. Eng., vol. 38, no. 4, pp. 701-717, 2013.

[47] Kala Praveen Bagadi e Prof. Susmita Das, "MIMO-OFDM Channel Estimation using Pilot Carries," Int. J. Comput. Appl., vol. 2, no. 3, 2010.

[48] J. G. P. e M. S. Andreja Radosevic, Rameez Ahmed, Tolga M. Duman, "Adaptive OFDM Modulation for Underwater Acoustic Communications: Considerações sobre o projeto e resultados experimentais", IEEE J. Ocean. Eng., 2013.

[49] R. K. M. G e M. Sarvagya, "Data Rate Enhancement in OFDM Receiver using Adaptive Modulation and Channel Estimation based on Kalman Filter for Underwater Acoustic Communication," vol. 10, no. 07, pp. 277-286, 2017.

[50] Z. Q. ZHANG Lingling, HAN Jing, HUANG Jianguo, "Estimativa de

canal iterativa e equalização para comunicação subaquática acústica MIMO SFBC OFDM", IEEE/OES China Ocean Acoust. Symp., no. x, 2016.

[51] S. M, "Efficient processing of acoustic signals for high-rate information transmission over sparse underwater channels," Elsevier J. Phys. Commun., vol. 1, no. 2, pp. 146-161, 2008.

[52] et al. Yin Yanling, Qiao Gang, Liu Songzuo, "Sparse channel estimation of underwater acoustic orthogonal frequency division mUltiplexing based on basis pursuit denoising," Ata Phys. Sin., vol. 64, no. 6, pp. 227-234, 2015.

[53] et al Zhang Lingling, Huang Jianguo, Han Jing, "Adaptive OFDM equalization in underwater acoustic communication based on short time Fourier transform," Syst. Eng. Electron, vol. 37, no. 4, pp. 918-921, 2015.

[54] X. W. A. Qu F, Nie X, "Abordagem de dois estágios para a estimativa de canais acústicos duplamente espalhados", IEEE J. Ocean. Eng., vol. 40, no. 1, pp. 131-143, 2015.

[55] et al. Li B, Zhou S, Stojanovic M, "Multicarrier communication over underwater acoustic channels with nonuniform Doppler shifts," IEEE J. Ocean. Eng., vol. 33, no. 2, pp. 198-209, 2008.

[56] et al. Danilo-Lemoine F, Falconer D, Lam C T, "Power Backoff Reduction Techniques for Generalized Multicarrier Waveforms," EURASIP J. Wirel. Commun. Netw., pp. 1-13, 2008.

[57] et al. Wang Wei, Qiao Gang, Wang Yue, "Estimativa do feedback de decisão do canal de multiplexação por divisão de frequência ortogonal de múltiplas entradas/múltiplas saídas com base na técnica de perfuração através de UW A Shallow Sea," Ata Armamentarii, vol. 34, n.º 9, pp. 1116-1124, 2013.

[58] et al. Huang J, Zhou S, Huang J, "Progressive intercarrier and co-

channel interference mitigation for underwater acoustic multi-input multi-output orthogonal frequency-division mUltiplexing", Wirel. Commun. Mob. Comput., vol. 14, no. 3, pp. 321-338, 2014.

[59] L. J. Zhao K, Ling J, "Enhanced mobile multiple-input multiple-output underwater acoustic communications", Int. J. Distrib. Sens. Networks, 2013.

[60] S. Pathak and H. Sharma, "Channel Estimation in OFDM Systems," vol. 3, no. 3, pp. 312-327, 2013.

[61] H. Kaur, M. Khosla e R. K. Sarin, "Hybrid channel estimation for MIMO relay systems with Doppler offset influences", Int. J. Commun. Syst., 2018.

[62] P. Kumar, V. K. Trivedi, e P. Kumar, "Avaliação do desempenho de DQPSK OFDM para comunicações acústicas subaquáticas," em 2015 IEEE Underwater Technology, UT 2015, 2015.

[63] A. Mousa e H. Mahmoud, "Reducing ICI effect in OFDM system using low-complexity Kalman filter based on comb-type pilots arrangement," Int. J. Commun. Syst., 2011.

[64] M. K. OZDEMIR e H. ARSLAN, "CHANNEL ESTIMATION FOR WIRELESS OFDM SYSTEMS", IEEE Commun. Surv., vol. 9, no. 2, pp. 18-48, 2007.

[65] J. G. Proakis, "Modulation and demodulation techniques for underwater acoustic communications," in WUWNet 2006 - Proceedings of the First ACM International Workshop on Underwater Networks, 2006.

[66] I. Harjula, A. Mammela, e Z. Li, "Comparison of Channel Frequency and Impulse Response Estimation for Space Time Coded OFDM Systems," Proc. IEEE Veh. Tech. Conf, vol. 4, pp. 2081-85, 2002.

[67] e E. K. J. S. G. Kang, Y. M. Ha, "Comparative Investigation on Channel Estimation Algorithms for OFDM in Mobile

Communications", IEEE Trans. Broadcast, vol. 49, no. 2, pp. 142-149, 2003.

[68] e H. J. C. S. M. Lee, D. H. Lee, "Performance Comparison of Space-Time Codes and Channel Estimation in OFDM Systems with Transmit Diversity for Wireless Lans," Proc. Asia- Pacific Conf. Commun, vol. 1, pp. 21-24, 2003.

[69] M. Sandell e O. Edfors, "A Comparative Study of Pilot- Based Channel Estimators for Wireless OFDM," Res. Rep. Tulea, 1996.

[70] B. H. et al, "An Iterative Joint Channel Estimation and Symbol Detection Algorithm Applied in OFDM System with High Data To Pilot Power Ratio," Proc. IEEE Int'l. Conf. Commun., vol. 3, pp. 2076-2080, 2003.

[71] P. Gupta e D. K. Mehra, "Kalman Filter Based Equalization for ICI Suppression in High Mobility OFDM Systems" (Equalização baseada em filtro de Kalman para supressão de ICI em sistemas OFDM de alta mobilidade).

[72] L. Gopal e Z. Zang, "Kalman Filtering for SNR Estimation in AWGN and Fading Channels," no. dezembro, pp. 805-808, 2009.

[73] J. Yue, K. J. Kim, T. Reid e J. D. Gibson, "Joint semi-blind channel estimation and data detection for MIMO-OFDM systems", em Proceedings of the IEEE 6th Circuits and Systems Symposium on Emerging Technologies: Frontiers of Mobile and Wireless Communication, 2004.

[74] M. Senel, K. Chintalapudi, D. Lal, A. Keshavarzian, e E. J. Coyle, "A Kalman Filter based link quality estimation scheme for wireless sensor networks," in GLOBECOM - IEEE Global Telecommunications Conference, 2007.

[75] L. Ros, E. Simon, and S. Martin, "SECOND-ORDER MODELING FOR RAYLEIGH FLAT FADING CHANNEL ESTIMATION WITH

KALMAN FILTER," pp. 0-5, 2011.

[76] C. Ramesh e V. Vaidehi, "IMM based Kalman filter for channel estimation in UWB OFDM systems," in Proceedings of ICSCN 2007: International Conference on Signal Processing Communications and Networking, 2007.

[77] M. Huang, X. Chen, L. Xiao, S. Zhou, e J. Wang, "Kalman-filter-based channel estimation for orthogonal frequency-division multiplexing systems in time-varying channels".

[78] C. Rajasekhar, D. Srinivasa, and K. M. K. Chaitanya, "Channel Estimation and Equalization for Time-Varying OFDM System Using Kalman Filter," vol. 2012, no. Icsip 2012, pp. 217-225, 2013.

[79] M. Enescu, T. Roman e M. Herdin, "KALMAN-BASED ESTIMATION OF MEASURED CHANNELS IN MOBILE MIMO OFDM SYSTEM", pp. 1865-1868.

[80] D. Aronsson, CHANNEL ESTIMATION AND PREDICTION FOR MIMO OFDM SYSTEMS Key Design and Performance Aspects of Kalman-based Algorithms. 2011.

[81] N. Valdaya, "A Novel Algorithm for Efficient Channel Estimation using MMSE-Kalman Estimator and Median Filtering," vol. 100, no. 13, pp. 9-13, 2014.

[82] T. Y. Al-Naffouri, "An EM-based forward-backward Kalman filter for the estimation of time-variant channels in OFDM," IEEE Trans. Signal Process, 2007.

[83] R. Jain, "Kalman Filter Based Channel Estimation," vol. 3, no. 4, pp. 277-282, 2014.

[84] E. T. Al, "Adaptive Channel Estimation in OFDM System Using Cyclic Prefix (Kalman Filter Approach)," vol. 2009, no. dezembro, pp. 852-856, 2009.

[85] B. P. Sirisha and I. S. Prabha, "Analytical approach for channel

estimation in OFDM system based on kalman filtering," vol. 4, no. 9, pp. 3055-3057, 2015.

[86] A. K. Gupta, M. Pathela, and A. Kumar, "Kalman Filtering based Channel Estimation for MIMO-OFDM," Int. J. Comput. Appl., vol. 53, no. 15, pp. 8-12, 2012.

[87] Tareq Y. Al-Naffouri, O. Awoniyi, O. Oteri, and A. Paulraj, "Receiver design for {MIMO-OFDM} transmission over time variant channels," Glob. Telecommun. Conf. 2004. GLOBECOM '04. IEEE, 2004.

[88] S. Sumudu, "Carrier Frequency Offset Estimation for OFDM System using Extended Kalman Filter Carrier Frequency Offset Estimation for OFDM System using Extended Kalman Filter," no. dezembro de 2008, 2016.

[89] Y. Jing, "Robust Regression-Based EKF for Tracking Underwater Targets," IEEE J. Ocean. Eng., 1995.

[90] G. Ignatius, M. K. V. U, N. S. Krishna, P. V Sachin, and P. Sudheesh, "Extended Kalman Filter based Estimation for Fast Fading MIMO Channels".

[91] P. B. Solanki, M. Al-Rubaiai e X. Tan, "Controle de alinhamento ativo baseado em filtro de Kalman estendido para comunicação ótica de LED", IEEE / ASME Trans. Mechatronics, 2018.

[92] R. N e M. Sarvagya, "Estimativa de canal usando filtro de Kalman estendido para sistemas de modulação codificados por superposição", IEEE, pp. 3482-3486, 2016.

[93] C. L. Wang e D. S. Wu, "Decentralized target positioning and tracking based on a weighted extended Kalman filter for wireless sensor networks," Wirel. Networks, 2013.

[94] L. Yongming, L. Hanwen, X. Youyun, and H. Jianguo, "Channel estimation based on extended kalman filtering for MIMO-OFDM systems," in 2006 International Conference on Wireless

Communications, Networking and Mobile Computing, WiCOM 2006, 2007.

[95] Y.Zhao e S.G.H¨aggman, "Inter carrier interference selfcancellation scheme for OFDM mobile communication systems," IEEE Trans. Commun., vol. 49, pp. 1185-1191, 2001.

[96] J. Zhao e L. Mili, "Filtro de Kalman robusto e não acentuado para a estimativa do estado dinâmico do sistema de energia com estatísticas de ruído desconhecidas", IEEE Transactions on Smart Grid, 2017.

[97]. Valdaya e M. Kumawat, "A Novel Algorithm for Efficient channel estimation using MMSE- Kalman estimator and Median filtering," Int. J. Comput. Appl., vol. 100, no. 13, 2014.

[98] K. A. D. Teo, S. Ohno, and T. Hinamoto, "Recursive channel estimation based on finite parameter model using reduced-complexity maximum likelihood equalizer for OFDM over doubly-selective channels," IEICE Trans. Fundam. Electron. Commun. Comput. Sci., 2005.

[99] A. Radosevic, S. Member, e R. Ahmed, Adaptive OFDM Modulation for Underwater Acoustic Communications : Design Considerations and Experimental Results. .

[100] W. K. Saad, "Survey of Adaptive Modulation Scheme in MIMO Transmission," vol. 7, no. 12, pp. 873-884, 2012.

[101] e J. T. E. D. M. Jimenez, G. Gomez, "Joint Adaptive Modulation and MIMO Transmission for Non-Ideal OFDMA Cellular Systems", em conferência IEEE, 2009.

[102] W. H. Sam, "Adaptive Modulation (QPSK, QAM)," Wirel. Netw. Group, Intel Commun., 2004.

[103] e G. F. M. Dania, T. Daniele, F. Romano, "ADAPTIVE MODULATION ALGORITHMS BASED ON FINITE STATE MODELING IN WIRELESS OFDMA SYSTEMS," in 18th Annual

IEEE International Symposium on Personal, Indoor and Mobile Radio Commun., 2007.

[104] e H. I. F. Romano, M. Dania, T. Daniele, "Adaptive Modulation and Coding Techniques for OFDMA Systems", IEEE Trans. Wirel. Commun., vol. 8, no. 9, 2009.

[105] e S. H. J. Jing, S. T. John, "A Singular-Value- Based Adaptive Modulation and Cooperation Scheme for Virtual-MIMO Systems", IEEE Trans. Veh. Technol., vol. 60, no. 6, 2011.

[106] K. V. N. KAVITHA, K. SARAVANAN, S. GHOSH, and S. KHARA, "EFFECTIVE CHANNEL ESTIMATION TECHNIQUE WITH ADAPTIVE MODULATION FOR MIMO-OFDM SYSTEM," J. Theor. Appl. Inf. Technol., vol. 54, no. 2, pp. 313-319, 2013.

[107] Z. Zhendong, V. Branka, D. Mischa, e L. Yonghui, "MIMO Systems with Adaptive Modulation," J. Theor. Appl. Inf. Technol., vol. 54, no. 2, pp. 313-319, 2013.

[108] A. Radosevic, R. Ahmed, T. M. Duman, J. G. Proakis e M. Stojanovic, "Adaptive OFDM modulation for underwater acoustic communications: Design considerations and experimental results", IEEE J. Ocean. Eng., 2014.

[109] C. Gabriel, M. Khalighi, S. Bourennane, L. Pierre, e V. Rigaud, "Investigation of Suitable Modulation Techniques for Underwater Wireless Optical Communication".

[110] B. Li et al., "MIMO-OFDM for High-Rate Underwater Acoustic Communications", IEEE J. Ocean. Eng., 2009.

[111] K. Jayaram e C. Arun, "Design and implementation of low power encoder incorporating adaptive modulation for multi user OFDM system," vol. 7, pp. 41-44, 2018.

[112] L. Wan, S. Member, H. Zhou, X. Xu, Y. Huang, e S. Member, "Adaptive Modulation and Coding for Underwater Acoustic OFDM,"

IEEE J. Ocean. Eng., vol. 40, no. 2, pp. 327-336, 2015.

[113] X. U. Xiaoka, Q. Gang, S. U. Jun, H. U. Pengtao, S. Enfang, e A. Turbo, "Study on Turbo Code for Multicarrier Underwater Acoustic Communication," IEEE, pp. 6-9, 2008.

[114] M. S. e L. F. B.Li, S.Zhou, "Pilot Tone Based ZPOFDM Demodulation for an Underwater Acoustic Channel," in Proc. IEEE Oceans'06 Conference, 2006.

[115] M.Stojanovic, "Retrofocusing Techniques for High Rate Acoustic Communications," J. Acoust. Soc. Am., vol. 117, no. 3, p. .1173-1185, 2005.

[116] J. G. Proakis, Digital Communication. 2001.

[117] M. Stojanovic, "Low Complexity OFDM Detetor for Underwater Acoustic Channels," na Conferência IEEE Oceans'06, Boston, 2006.

[118] S. Mohapatra, "A new approach for performance improvement of OFDM system using pulse shaping," 2010.

[119] M. N. Sharma, P. Rajeshwar, and L. Dua, "TO IMPROVE BIT ERROR RATE OF OF OFDM TRANSMISSION USING TURBO CODES," Int. J. Adv. Res. Comput. Eng. Technol., vol. 1, no. 4, pp. 37-44, 2012.

[120] N. Arshad e A. Basit, "Implementation and Analysis of Turbo Codes Using MATLAB," J. Expert Syst., vol. 2, no. 1, pp. 115-118, 2013.

[121] T. K. Moon, Error Corretion Coding Mathematical Methods and Algorithms (Métodos matemáticos e algoritmos de codificação de correção de erros). .

[122] H. J. e R. J. McEliece, "Coding Theorems for Turbo Codes Ensembles", IEEE Trans. Inf. Theory, vol. 48, no. 6, 2002.

[123] R. Saxena, N. Gupta, e C. Barde, "Performance of LDPC Codes in OFDM System with QAM Modulation," HCTL Open Sci. Technol. Lett., vol. 6, no. August, pp. 1-10, 2014.

[124] E. Forestieri, "Optical Communication Theory and Techniques", SPRINGER, 2005.

[125] R. Gallager, "Low-density parity-check codes," IEEE Trans.Inform. Theory, vol. 8, no. 1, pp. 21-28, 1962.

[126] N. Upadhyay, M. Tiwari, e J. Singh, "LDPC Based MIMO-OFDM System for Shallow Water Communication using BPSK," IJECT, vol. 7109, no. 4, pp. 62-67, 2015.

[127] D. P. N. Sudha, "Proposed Adaptive channel coding technique for underwater Communication," Int. J. Innov. Res. Technol. Sci., vol. 4, no. 1, pp. 27-29, 2016.

[128] Thomas J. Richardson e Rüdiger L. Urbanke, "Efficient Encoding of Low-Density Parity-Check Codes," IEEE Trans. Inf. Theory, vol. 47, no. 2, pp. 638-656, 2001.

[129] H. Jeon, S. Lee, e H. Lee, "LDPC Coded OFDM System Design and Performance Verification on a Realistic Underwater Acoustic Channel Model," IEEE, pp. 2200-2204, 2011.

[130] T. Ohtsuki e H. Futaki, "Performance of Low-Density Parity-Check (LDPC) Coded OFDM Systems," IEEE, vol. 3, pp. 1696-1700, 2002.

[131] J. Huang, S. Zhou, e P. Willett, "Nonbinary LDPC Coding for Multicarrier Underwater Acoustic Communication," IEEE J. Sel. AREAS Commun., vol. 26, no. 9, pp. 1684-1696, 2008.

[132] S. K. Singh, N. Sood, and A. K. Sharma, "Performance Evaluation of LDPC and Turbocoded OFDM System in Nakagami-M Fading," Int. J. Comput. Theory Eng., vol. 4, no. 4, pp. 523-526, 2012.

[133] M. D. Haque, S. E. Ullah, M. M. Rahman, e M. Ahmed, "BER Performance Analysis of a Concatenated Low Density Parity Check Encoded OFDM System in AWGN and Fading Channels," J. Sci. Res., vol. 2, no. 1, pp. 46-53, 2010.

[134] P. Jagatheeswari e M. Rajaram, "Performance Comparison of LDPC

Codes and Turbo Codes," Eur. J. Sci. Res., vol. 54, no. 3, pp. 465-472, 2011.

[135] M. N. Sharma, P. Rajeshwar, and Lal Dua, "TO IMPROVE BIT ERROR RATE OF OF OFDM TRANSMISSION USING TURBO CODES," Int. J. Adv. Res. Comput. Eng. Technol., vol. 1, no. 4, pp. 37-44, 2012.

[136] V. S. M. K. Gupta, "To improve BER of turbo coded OFDM channel over noisy channel," J. Theor. Appl. Inf. Technol., pp. 37-44, 2009.

[137] J. Chand and D. Pandey, "Simulation of Turbo Coded OFDM System," IOSR J. Eng., vol. 04, no. 05, pp. 17-22, 2014.

[138] R. P. Kumar, "Analysis of OFDM through the Turbo Codes in Noisy Channel," Int. J. Res. Electron. Commun. Technol., vol. 1, no. 2, pp. 137-145, 2013.

[139] I. Nelson, K. S. Vishvaksenan, e V. Rajendran, "Performance of Turbo Coded MIMO-OFDM System for Underwater Communications," in International Conference on Communication and Signal Processing, 2014, pp. 1735-1739.

[140] G. Qiao, Z. Babar, L. Ma, S. Liu, e J. Wu, "MIMO-OFDM underwater acoustic communication systems-A review," Phys. Commun., vol. 23, pp. 56-64, 2017.

[141] et al. M. Chitre, "Recent advances in underwater acoustic communications", Netw. Ocean., 2008.

[142] S. Kim, "Angle-domain frequency-selective sparse channel estimation for underwater MIMO-OFDM systems," IEEE Commun. Lett, vol. 16, no. 5, pp. 685-687, 2012.

[143] et al A.G. Armada, "Special issue on advances in MIMO-OFDM," Phys. Commun., vol. 4, no. 4, pp. 251-253, 2011.

[144] J. E. H. K. Grythe, "Non-perfect channel estimation in OFDM-

MIMObased underwater communication," in OCEANS 2009 - EUROPE, 2009.

[145] D. J. H. Esmaiel, "Review article: Multicarrier communication for underwater acoustic channel", Int. J. Commun. Netw. Syst. Sci, vol. 6, pp. 361-376, 2013.

[146] G. Q. K. Rehan, "A survey of underwater acoustic communication and networking techniques", Res. J. Appl. Sci. Engg. Technol., vol. 5, no. 3, pp. 778-789, 2013.

[147] et al Y.R. Zheng, "Frequency-domain channel estimation and equalization for shallow-water acoustic communications," Phys. Commun., vol. 3, no. 1, pp. 48-63, 2010.

[148] S. K. V. Sharma, "Recent developments in MIMO channel estimation techniques," in Digital Information and Communication Technology and it's Applications, DICTAP, 2012, pp. 1-6.

[149] R. F. Ormondroyd, "A robust underwater acoustic communication system using OFDM-MIMO," in OCEANS 2007 - Europe, 2007.

[150] N. Iruthayanathan, K. S. Vishvaksenan, V. Rajendran, e S. Mohankumar, "Performance analysis of turbo-coded MIMO - OFDM system for underwater communication," Comput. Electr. Eng., vol. 43, pp. 1-8, 2015.

[151] S. Dessai, "DESIGN , IMPLEMENTATION AND OPTIMISATION OF 4X4 MIMO-OFDM D ESIGN , I MPLEMENTATION AND O PTIMISATION OF 4 X 4 MIMO-OFDM T RANSMITTER FOR COMMUNICATION SYSTEMS," SASTECH J., vol. 12, no. 2, pp. 52-56, 2013.

[152] B. Li, S. Zhoul, M. Stojanovic, L. Freitag, J. Huang, e P. Willett, "MIMO-OFDM Over An Underwater Acoustic Channel Channel", MTS, 2007.

[153]B. Li et al., "MIMO-OFDM for High-Rate Underwater Acoustic Communications", IEEE J. Ocean. Eng., vol. 34, no. 4, pp. 634-644, 2009.

[154] Congwei Hu, Wu Chen, Yongqi Chen e Dajie Liu "Adaptive Kalman Filtering for Vehicle Navigation", Journal of Global Positioning Systems, 2003

Printed by Books on Demand GmbH, Norderstedt / Germany